Susanne Köhler

Leuchtdichtekoeffizienten von Fahrbahndecken

Susanne Köhler

Leuchtdichtekoeffizienten von Fahrbahndecken

Messtechnische Bestimmung von
Leuchtdichtekoeffizienten für Fahrbahndecken
unter flachen Anstrahlwinkeln

Südwestdeutscher Verlag für Hochschulschriften

Impressum/Imprint (nur für Deutschland/only for Germany)
Bibliografische Information der Deutschen Nationalbibliothek: Die Deutsche Nationalbibliothek verzeichnet diese Publikation in der Deutschen Nationalbibliografie; detaillierte bibliografische Daten sind im Internet über http://dnb.d-nb.de abrufbar.
Alle in diesem Buch genannten Marken und Produktnamen unterliegen warenzeichen-, marken- oder patentrechtlichem Schutz bzw. sind Warenzeichen oder eingetragene Warenzeichen der jeweiligen Inhaber. Die Wiedergabe von Marken, Produktnamen, Gebrauchsnamen, Handelsnamen, Warenbezeichnungen u.s.w. in diesem Werk berechtigt auch ohne besondere Kennzeichnung nicht zu der Annahme, dass solche Namen im Sinne der Warenzeichen- und Markenschutzgesetzgebung als frei zu betrachten wären und daher von jedermann benutzt werden dürften.

Coverbild: www.ingimage.com

Verlag: Südwestdeutscher Verlag für Hochschulschriften GmbH & Co. KG
Heinrich-Böcking-Str. 6-8, 66121 Saarbrücken, Deutschland
Telefon +49 681 37 20 271-1, Telefax +49 681 37 20 271-0
Email: info@svh-verlag.de

Zugl.: Berlin, TU, Diss., 2011

Herstellung in Deutschland:
Schaltungsdienst Lange o.H.G., Berlin
Books on Demand GmbH, Norderstedt
Reha GmbH, Saarbrücken
Amazon Distribution GmbH, Leipzig
ISBN: 978-3-8381-3125-2

Imprint (only for USA, GB)
Bibliographic information published by the Deutsche Nationalbibliothek: The Deutsche Nationalbibliothek lists this publication in the Deutsche Nationalbibliografie; detailed bibliographic data are available in the Internet at http://dnb.d-nb.de.
Any brand names and product names mentioned in this book are subject to trademark, brand or patent protection and are trademarks or registered trademarks of their respective holders. The use of brand names, product names, common names, trade names, product descriptions etc. even without a particular marking in this works is in no way to be construed to mean that such names may be regarded as unrestricted in respect of trademark and brand protection legislation and could thus be used by anyone.

Cover image: www.ingimage.com

Publisher: Südwestdeutscher Verlag für Hochschulschriften GmbH & Co. KG
Heinrich-Böcking-Str. 6-8, 66121 Saarbrücken, Germany
Phone +49 681 37 20 271-1, Fax +49 681 37 20 271-0
Email: info@svh-verlag.de

Printed in the U.S.A.
Printed in the U.K. by (see last page)
ISBN: 978-3-8381-3125-2

Copyright © 2012 by the author and Südwestdeutscher Verlag für Hochschulschriften GmbH & Co. KG and licensors
All rights reserved. Saarbrücken 2012

Inhaltsverzeichnis

Inhaltsverzeichnis	i
1 Einleitung	**1**
1.1 Motivation, Forschungslage und Zielsetzung	1
1.2 Überblick	2
2 Theoretische Basis	**5**
2.1 Räumliche Kartesische und Kugelkoordinaten	5
2.2 Grundlagen Reflektometrie	6
2.2.1 Reflexionsarten	6
2.2.2 Reflexionskennzahlen	9
2.2.3 BRDF - Bidirectional Reflectance Distribution Function	11
3 Stand der Forschung - Bisherige Arbeiten	**15**
3.1 Isotropie von Fahrbahndeckschichten	15
3.2 Spektraler Reflexionsgrad von Fahrbahndeckschichten	16
3.3 Ortsfeste Straßenbeleuchtung	19
3.4 Kfz-Scheinwerferbeleuchtung	24
3.5 Abschließende Diskussion	32
4 Bestimmung des Leuchtdichtekoeffizienten	**35**
4.1 Festlegungen und Hypothesen	35
4.2 Rückwärtsreflexion Messprinzip	37
4.3 Rückwärtsreflexion auf trockenen Fahrbahnoberflächen	42
4.3.1 Messergebnisse Lichtkanal	42
4.3.2 Messergebnisse zweier anderer Fahrbahndeckschichten	46
4.3.3 Zwischenfazit	46
4.4 Einfluss Niederschlag auf die Rückwärtsreflexion	47
4.4.1 Rückwärtsreflexion Regen	47
4.4.2 Rückwärtsreflexion Schnee	51
4.4.3 Zwischenfazit	52
4.5 Vorwärtsreflexion Messprinzip	53
4.6 Vorwärtsreflexion auf trockenen Fahrbahnoberflächen	54
4.6.1 Messergebnisse Lichtkanal	54
4.6.2 Messergebnisse zweier anderer Fahrbahndeckschichten	59
4.6.3 Zwischenfazit	60
4.7 Einfluss Niederschlag auf die Vorwärtsreflexion	61
4.8 Abschließende Diskussion	63

5 Fehler- und Messunsicherheitsbetrachtung — 65
5.1 Messung und Verwendung der Lichtstärkeverteilung 65
5.2 Scheinwerferpositionierung und -einstellung 67
5.3 Leuchtdichtemessung 70
5.4 Gesamtunsicherheit 75
5.5 Abschätzung von Fehlern in der Anwendung 75

6 Interpretation der Ergebnisse — 79
6.1 Rückwärtsreflexion - Vereinfachung für die Praxis 79
6.2 Vorwärtsreflexion - Modellbildung 80
    6.2.1 Ausgangslage 80
    6.2.2 Leuchtdichtekoeffizient über longitudinale Abstandsachse 81
    6.2.3 Einfluss des horizontalen Versatzwinkels 88
    6.2.4 Vorgeschlagenes Modell 91
6.3 Vergleich mit anderen Messmethoden 93
6.4 Fazit 95

7 Zusammenfassung und Ausblick — 97
7.1 Zusammenfassung 97
7.2 Mögliche zukünftige Forschungsschwerpunkte 98
7.3 Ausblick 99

Abbildungsverzeichnis — 105

Tabellenverzeichnis — 107

Literaturverzeichnis — 109

A Anhang — 115
A.1 Kapitel 3 115
A.2 Kapitel 4 117
A.3 Kapitel 5 121

Verwandte Publikationen — 123

Kapitel 1

Einleitung

1.1 Motivation, Forschungslage und Zielsetzung

Innovative Entwicklungen in der automobilen Lichttechnik von heute bieten neue Möglichkeiten, an die vor einigen Jahren nicht zu denken war. Dieser Trend ist insbesondere unter dem Aspekt Verkehrssicherheit als sehr positiv zu bewerten. Jedoch stellt sich die Frage nach der Quantifizierung eines etwaigen Mehrwertes der jeweilig neuen Technologie. Bisherige übliche Bewertungsysteme basieren im Allgemeinen auf Beleuchtungsstärken bzw. Lichtstärken. Dies bedeutet, dass nicht das beim Fahrer ankommende Licht bewertet wird, sondern das Licht, was auf eine bestimmte Fläche auftrifft (Beleuchtungsstärke) bzw. von einem Scheinwerfer in einen bestimmten Raumwinkel abgestrahlt wird (Lichtstärke). Für eine objektive Bewertung, die ausschließlich dem Scheinwerfer gilt, ist dies eine sehr gute Methode. Jedoch fehlt beim Anwender häufig das Bewusstsein, dass sich mit Licht- und Beleuchtungsstärken die Sichtverhältnisse des Fahrers nur sehr begrenzt beurteilen lassen. Besonders die Leuchtdichte der Fahrbahndeckschicht ist maßgeblich für den Adaptationszustand des Fahrers. Mit unbekanntem Adaptationsniveau ist weder über die empfundene Helligkeit des jeweiligen Scheinwerfers durch den Beobachter noch über die Elementarfunktionen der Sehleistung des Fahrers eine sinnvolle Aussage möglich. Elementarfunktionen der Sehleistung sind beispielsweise Kontrastempfindlichkeit oder Reaktionszeit.

Eine Möglichkeit der Leuchtdichtebewertung ist es, einen fertigen Scheinwerfer aufzubauen und mit Hilfe einer Leuchtdichtekamera zu beurteilen. Ortsaufgelöste Leuchtdichtebilder sind das angemessene messtechnische Äquivalent zum menschlichen Sehen, respektive zur wahrnehmungsangepassten Bewertung von Lichtverteilungen [Fis98, vgl. S. 34]. Jedoch ist dies zum einen hinsichtlich der Reproduzierbarkeit und der Vergleichbarkeit eine nur bedingt geeignete Methode. Zum anderen ist sie in Entwicklungsstadien, in denen Scheinwerfer ausschließlich virtuell vorliegen, gar nicht möglich. Deshalb ist es wünschenswert, vom Beobachter wahrgenommene Leuchtdichten auf Straßenoberflächen direkt aus Licht- bzw. Beleuchtungsstärken vorhersagen, also berechnen zu können. In der Lichttechnik hat sich für diese Umrechnung der Leuchtdichtekoeffizient q in $cd \cdot (lx \cdot m^2)^{-1}$ etabliert. Dieser ist abhängig von vier Winkeln, jeweils dem vertikalen und horizontalen Anleucht- und Beobachtungswinkel. Da auch im Bereich der ortsfesten Straßenbeleuchtung schon seit den 1950er Jahren bekannt und akzeptiert ist, dass Leuchtdichten zur Beurteilung der Sichtverhältnisse im Straßenverkehr notwendig sind, z.B. Reeb [Ree54], gibt es hier schon viele Untersuchungen zum Leuchtdichtekoeffizienten von Straßendeckschichten. Jedoch sind diese nicht auf die Kfz-Beleuchtung übertragbar, weil die Anleuchtwinkel in einem ganz anderen Wertebereich liegen. In der Computergrafik ist zur

Beschreibung der Lichtreflexion seit einigen Jahrzehnten das Konzept der BRDF, der bidirektionalen Reflektanzverteilungsfunktion, eingeführt worden. Hierfür gibt es spezielle Messgeräte, die Anleucht- und Beobachtungswinkel entsprechend der zu untersuchenden Geometrie systematich variieren und ebenfalls einen Leuchtdichtekoeffizienten messen. Aber auch diese Messgeräte bilden die für die Kfz-Beleuchtung notwendigen Anleuchtwinkel leider nicht ausreichend reproduzierbar und zuverlässig ab.

Deshalb ist es das Ziel dieser Arbeit, das Reflexionsverhalten von Straßenoberflächen für den Bereich flacher Anstrahlwinkel so genau wie möglich zu charakterisieren. Hierfür werden als erstes entsprechende Messkonzepte entworfen, Messungen sowohl für den Fall der Vorwärts- als auch der Rückwärtsreflexion für trockene und nasse Straßenoberflächen durchgeführt und die notwendigen Auswertungen vorgenommen. Abschließend werden mathematische Ansätze zu der Beschreibung des Reflexionsverhalten vorgeschlagen, die zur Leuchtdichtesimulation dienen können.

Diese Arbeit behandelt ausschließlich die Straße als Einflussparameter auf die Sichtbedingungen im Straßenverkehr. Das heißt, es finden keine Untersuchungen über die Wahrnehmung beim Fahrer selbst statt, vielmehr wird vom photopisch adaptierten 2° Normalbeobachter nach CIE [CIE94] ausgegangen. Der Begriff Adaptationsleuchtdichte wird nicht näher spezifiziert und insbesondere ist die viel diskutierte mesopische Wahrnehmung kein Untersuchungsgegenstand. Grund hierfür ist zum einen, dass die photopische Hellempfindlichkeitskurve $V(\lambda)$ für exakt die im Straßenverkehr vorhandenen Leuchtdichten von $0{,}1$ bis $1\,\text{cd} \cdot (\text{lx} \cdot \text{m}^2)^{-1}$ ermittelt wurde, zusammengetragen von Schäfer [Sch12]. Zum anderen weisen nahezu alle Untersuchungen zur mesopischen Wahrnehmung eine deutlich höhere Standardabweichung als Effektstärke auf, wobei sich die Effektstärken je nach Untersuchungskriterium - beispielsweise Hellempfindung oder Kontrastempfindung - auch noch deutlich unterscheiden. Außerdem korreliert für den Bereich Frontbeleuchtung durch Kfz-Scheinwerfer kein Modell für äquivalente mesopische Leuchtdichten eindeutig besser mit der Hellempfindung als die photopischen Leuchtdichtewerte [KK08]. Da diese Arbeit desweiteren aber keine spektrale Selektivität der Straßenoberfläche in Betracht zieht, ist es dem jeweiligen Anwender der Daten selbst überlassen, die entsprechende Lichtquelle mit der gewünschten Empfindlichkeitskurve zu bewerten.

1.2 Überblick

Nachdem im vorigen Abschnitt Motivation, Forschungslage und Zielsetzung kurz beschrieben worden sind, sollen in Kapitel 2 detailliertere Grundlagen bezüglich Geometrie und Reflektometrie zum Verständnis dieser Arbeit dargelegt werden. Die verwendeten Bezeichnungen und Definitionen orientieren sich weitestgehend am Internationalen Wörterbuch der Lichttechnik [CI87].

Kapitel 3 stellt bisherige Forschungsarbeiten mit engem Bezug zur vorliegenden Arbeit dar. Die ersten beiden Abschnitte gehen auf Untersuchungen zur Isotropie und zum spektralen Reflexi-

1.2. ÜBERBLICK

onsverhalten von Fahrbahndeckschichten ein. Aus ihnen wird abgeleitet, warum Fahrbahndeckschichten für die vorliegende Arbeit als isotrop und spektral aselektiv behandelt werden. Darauf folgend wird der Stand der Messung von Reflexionseigenschaften von Fahrbahndeckschichten für die ortsfeste Beleuchtung beschrieben und erklärt, warum diese nicht auf die vorliegende Arbeit übertragbar sind. Der nächste Abschnitt gibt einen Überblick über Forschungsarbeiten, die sich direkt mit der Problematik von Reflexionseigenschaften von Fahrbahndeckschichten für eine Kfz-typische Geometrie auseinander setzen.

Den Kern der Arbeit bildet Kapitel 4. Nachdem die Ausgangslage beschrieben wurde, werden Arbeitshypothesen aufgestellt, die anhand der durchgeführten Messungen geprüft werden. Es erfolgt eine Vielzahl von Messungen für trockene und nasse Fahrbahnoberflächen sowohl für Rückwärts- als auch für Vorwärtsreflexion. Die dabei auftretenden Messunsicherheiten werden in Kapitel 5 diskutiert.

Kapitel 6 trifft und rechtfertigt eine Vereinfachung für die Leuchtdichtesimulation bei Rückwärtsreflexion. Im nächsten Abschnitt werden für den Fall der Vorwärtsreflexion die auf Straßenkoordinaten bezogenen Messergebnisse für die Anwendung auf Winkel zurück geführt. Ferner wird für die Vorwärtsreflexion ein winkelabhängiges Reflexionsmodell aufgestellt. Sowohl für die Vereinfachung für Rückwärtsreflexion als auch das Modell für Vorwärtsreflexion wird abschließend geprüft, ob sie mit den Ergebnissen anderer Messmethoden übereinstimmen. Es folgt die Zusammenfassung der Ergebnisse und ein Ausblick hinsichtlich möglicher zukünftiger Forschungsarbeiten.

Abschließend sei nachstehenden Studenten herzlich für die Teile ihrer Arbeit gedankt, die in diese Dissertation einfließen durften. Namentlich sind hier zu nennen: Matthias Tophinke für seine Diplomarbeit zur Rückwärtsreflexion von Fahrbahndeckschichten, Mario Ludwig für seinen Praktikumsbericht zum Thema Vorwärtsreflexion von Fahrbahndecksschichten, Philip Stroop für seine Diplomarbeit zum Thema Vorwärtsreflexion von Fahrbahndeckschichten, Marc Kaup für seine Diplomarbeit zum Thema Reflexion von nassen und schneebedeckten Fahrbahnoberflächen und schließlich Gesa Ortgies für ihre fleißige und kreative Auswertung von Messdaten jeglicher Art während ihres Praktikums.

Kapitel 2

Theoretische Basis

2.1 Räumliche Kartesische und Kugelkoordinaten

Das verwendete dreidimensionale kartesische Koordinatensystem [DIN 4895] ist ein Rechtssystem. Die Basisvektoren $\vec{e_x}$, $\vec{e_y}$, $\vec{e_z}$ stehen senkrecht zueinander und haben den Betrag eins. Ein Punkt P ist durch seine Koordinaten P_x, P_y, P_z eindeutig beschrieben, siehe Abbildung 2.1 links. Der Vektor vom Ursprung zum Punkt P wird mit $\vec{OP}$ bezeichnet und ergibt sich zu:

$$\vec{OP} = P_x \cdot \vec{e_x} + P_y \cdot \vec{e_y} + P_z \cdot \vec{e_z} \qquad (2.1)$$

Seine Länge beträgt:

$$\|\vec{OP}\| = \sqrt{P_x^2 + P_y^2 + P_z^2} \qquad (2.2)$$

Das verwendete Kugelkoordinatensystem ist ebenfalls ein Rechtssystem, in dem die Basisvektoren $\vec{e_r}$, $\vec{e_\alpha}$, $\vec{e_\delta}$ senkrecht aufeinander stehen, siehe Abbildung 2.1 rechts.

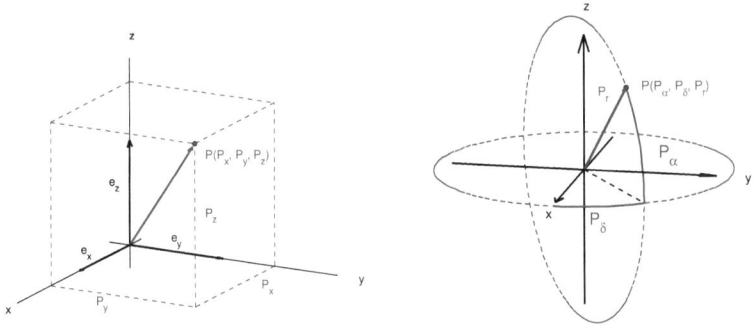

Abbildung 2.1: Links: Kartesisches Koordinatensystem; rechts: Kugelkoordinatensystem

Um intuitivere Zusammenhänge mit den für Leuchtenmessungen üblichen Koordinatensystemen herzustellen, wird hinsichtlich weniger Punkte von den Festlegungen in [DIN 4895] abgewichen. Das verwendete Kugelkoordinatensystem unterscheidet sich von dem in [DIN 4895] festgelegten dadurch, dass der Altitudenwinkel statt mit ϑ hier mit α und der Azimutwinkel statt mit φ mit δ bezeichnet ist. Außerdem werden Altitudenwinkel im Gegensatz zur Norm statt zwischen $\vec{e_r}$ und z-Achse liegend als zwischen $\vec{e_r}$ und der xy-Ebene liegend definiert. Der Wertebereich des Winkels α wird hier innerhalb der Grenzen von -90° bis +90°

festgelegt. Positive Altitudenwinkel haben positive z-Koordinaten und negative Altitudenwinkel folglich negative z-Koordinaten. Der Azimutwinkel δ beschreibt die Verdrehung der von $\vec{e}_r$ und z-Achse aufgespannten Ebene zur xz-Ebene. Der Wertebereich des Azimutwinkels liegt zwischen -180° und +180°. Negative Winkel werden von der x-Achse aus gegen den Uhrzeigersinn und positive Winkel mit dem Uhrzeigersinn gezählt. Behält man den Nullursprung bei, ergibt sich nachstehende Umrechnung zwischen den beiden Systemen:

$$x = r \cdot \cos(\alpha) \cdot \cos(\delta), \; y = r \cdot cos(\alpha) \cdot \sin(\delta), \; z = r \cdot \sin(\alpha) \quad (2.3)$$

$$r = \sqrt{x^2 + y^2 + z^2}, \; \alpha = \arctan\left(\frac{z}{\sqrt{x^2 + y^2}}\right), \; \delta = \arctan\left(\frac{y}{x}\right) (x \neq 0) \quad (2.4)$$

2.2 Grundlagen Reflektometrie

Im Folgenden werden grundlegende Begriffe der Reflektometrie eingeführt und definiert. Nähere Erläuterungen finden sich in [Bae06, Gal04] und [Hen02]. Insbesondere die in Abschnitt 2.2.2 aufgeführten Kennzahlen werden nicht immer gleich bezeichnet. Deshalb soll hier eine einheitliche Definitions- und Bezeichnungsbasis festgelegt werden.

2.2.1 Reflexionsarten

Reflexionsarten werden je nachdem, wohin das reflektierte Licht wie gestreut wird, unterschieden.

Spiegelnde Reflexion

Die spiegelnde Reflexion wird auch als gerichtete, spekulare oder reguläre Reflexion bezeichnet. Es gilt das Reflexionsgesetz: Trifft ein Lichtstrahl unter einem Winkel α_i auf eine ideal spiegelnde Fläche, wird er verlustfrei in Richtung des Spiegelwinkels $\alpha_{o,s}$ reflektiert. Hierbei ist $\alpha_i = \alpha_{o,s}$ und beide Winkel sind jeweils vom Lot auf den Auftreffpunkt auf der Fläche zum einfallenden Strahl bzw. reflektierten Strahl gemessen. Bild 2.2 veranschaulicht dies.

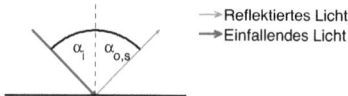

Abbildung 2.2: Spiegelnde Reflexion; reflektiertes Licht in diesem Fall nur im Spiegelwinkel $\alpha_{o,s}$

Diffuse Reflexion

Die diffuse Reflexion wird auch als ungerichtete oder lambertsche Reflexion bezeichnet. Die lambertsche Richtungscharakteristik meint die Gültigkeit des Lambert-Cosinus-Gesetzes. Das bedeutet, dass bei gleichem Lichteinfall die reflektierte Lichtstärke $I_o(\alpha_o)$ in eine bestimmte

2.2. GRUNDLAGEN REFLEKTOMETRIE

Richtung α_i nur vom Cosinus des vertikalen Beobachtungswinkels α_o abhängt, siehe Abbildung 2.3 links.
Die beobachtete Probenfläche A_p verändert sich bei Betrachtung unter dem Neigungswinkel α_o mit $A_p = A \cdot \cos(\alpha_o)$. Dies hat zur Folge, dass bei gleichbleibender Einfallsrichtung das jeweilige Material aus allen möglichen Beobachtungsrichtungen eine identische Leuchtdichte aufweist, respektive gleich hell erscheint, siehe Abbildung 2.3 rechts.

Abbildung 2.3: Links: Lichtstärkeverteilung bei diffuser Reflexion, rechts: Leuchtdichteverteilung bei diffuser Reflexion

Materialien mit dieser Eigenschaft heißen Lambertreflektor oder sekundäre Lambertstrahler. Reflektiert ein solches Material die auftreffende Strahlung verlustfrei, wird es absolut oder ideal mattweiß reflektierend genannt. Dieser Idealfall ist ein theoretisches Konstrukt, das praktisch nicht vorkommt, aber für Definitionen und Berechnungen verwendet wird. Größen, die sich auf den absolut mattweißen Körper beziehen, erhalten im Rahmen dieser Arbeit den Index w.

Gemischte Reflexion

Die beiden zuerst genannten Reflexionsarten sind Idealisierungen, die in der Praxis nie auftreten. Manche Materialien weichen jedoch vernachlässigbar gering von diesem Verhalten ab. Die meisten Materialien weichen aber stärker davon ab. Deshalb muss man andere Modelle finden, um ihr Reflexionsverhalten adäquat zu beschreiben. Häufig wird beispielsweise statt der für die diffuse Reflexion typischen Cosinus-Verteilung eine Normalverteilung angesetzt:

$$I_o(\alpha_o) = I_0(\alpha_{o,s}) \cdot \exp\left(-\frac{1}{2} \cdot \left(\frac{\alpha_o - \mu}{\sigma}\right)^2\right) \quad (2.5)$$

Hierbei ist:
$I_o(\alpha_o)$...die reflektierte Lichtstärke in die jeweilige Beobachtungsrichtung α_o
$I_0(\alpha_{o,s})$... die maximal reflektierte Lichtstärke in Richtung des Spiegelwinkels $\alpha_{o,s}$
μ...theoretischer Erwartungswert, in diesem Fall der Spiegelwinkel $\alpha_{o,s}$
σ...theoretische Standardabweichung, $\sigma \in]0,1[$
Die Abbildung 2.4 stellt schematisch die resultierende Lichtstärkeverteilung eines solchen Reflexionsverhaltens dar. Über σ lässt sich mit Hilfe eines solchen Reflexionsmodells die Breite des Streuverhaltens nachmodellieren. Je größer σ, desto breiter streut das reflektierte Licht, siehe Abbildung 2.4 oben.
Es gibt Materialien, die nicht ideal spiegelnd reflektieren. Dies bedeutet, dass das Maximum der reflektierten Lichtstärke nicht im Spiegelwinkel liegt, sondern davon abweicht. Ein derartiges

Verhalten ist insbesondere bei Materialien mit einer gewissen Oberflächenrauheit zu beobachten. Hier ist eine Lösung, die Rauheiten der Oberfläche in die Modellierung mit einzubeziehen (als sogenannte Facetten) oder die Abweichung vom Spiegelwinkel über den Parameter μ zu beschreiben, siehe Abbildung 2.4 rechts. Ein anderer Ansatz ist, in irgendeiner Form die reale Reflexion aus einem spiegelnden und diffusen Anteil gewichtet zusammenzusetzen.

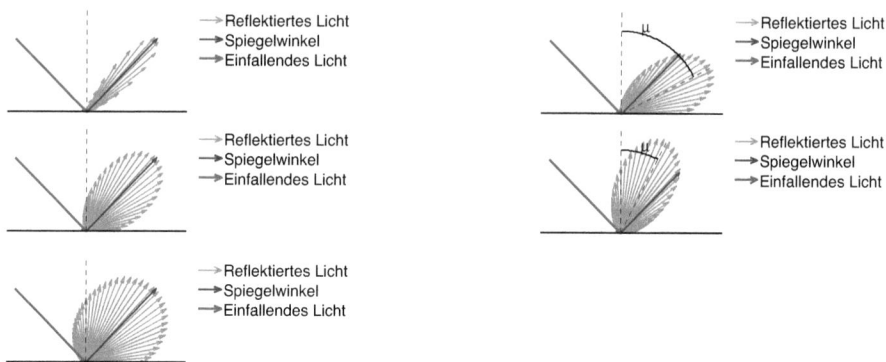

Abbildung 2.4: *Lichtstärke bei mit Normalverteilung modellierter gemischter Reflexion; links: von oben nach unten Standardabweichung $\sigma = 0,2; 0,5; 0,8$; rechts: von oben nach unten $\mu = \alpha_{o,s} - 18°, \alpha_{o,s} + 18°$*

Bewertet man die so modellierten Lichtstärkeverteilungen für die einzelnen Beobachtungswinkel mit der jeweilig zugehörigen beobachteten projizierten Fläche ($A_p = A \cdot \cos(\alpha_o)$), ergeben sich die in Abbildung 2.5 beispielhaft dargestellten Leuchtdichteverteilungen. Es wird deutlich, dass sich die berechneten Leuchtdichten gerade für flache Beobachtungswinkel je nach gewählter Streubreite σ stark unterscheiden. Bei eher spiegelnden Materialien, links in Abbildung 2.5, fällt die Lichtstärke der Verteilung sehr viel stärker als der zugehörige Cosinus des Beobachtungswinkels α_o. Folglich werden sehr kleine Leuchtdichten bei flachen Beobachtungswinkeln berechnet. Für breiter streuende Materialien, rechts in Abbildung 2.5, verringert sich die Lichtstärke der modellierten Verteilung sehr viel langsamer als der jeweilig zugehörige Cosinus des Beobachtungswinkels α_o. Daher werden vergleichsweise sehr große Leuchtdichten bei flachen Beobachtungswinkeln berechnet. Derart hohe Leuchtdichtewerte für stark streuende Materialien unter kleinen Beobachtungswinkeln können derzeit messtechnisch nicht nachgewiesen werden.

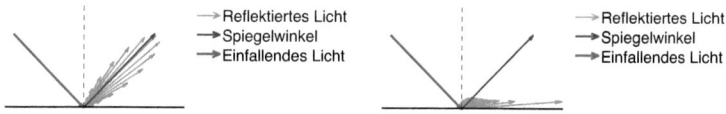

Abbildung 2.5: *Leuchtdichte bei mit Normalverteilung modellierter gemischter Reflexion; links: $\sigma = 0,2$, rechts: $\sigma = 0,8$*

Retroreflexion

Retroreflexion meint, dass das auftreffende Licht hauptsächlich in die Einfallsrichtung zurück geworfen wird. Hierbei kann es spiegelnd oder gemischt reflektiert werden, siehe Abbildung 2.6.

Abbildung 2.6: Links: spiegelnde Retroreflexion; rechts: gemischte Retroreflexion

Vorwärts- und Rückwärtsreflexion bei Anleuchtung durch Kfz-Scheinwerfer

In dieser Arbeit werden im weiteren Verlauf für die Beschreibung des Reflexionsverhaltens von Fahrbahndeckschichten unter Kfz-Beleuchtung die Begriffe „Rückwärtsreflexion" und „Vorwärtsreflexion" verwendet. Rückwärtsreflexion bedeutet in diesem Zusammenhang das direkt aus den Kfz-eigenen Scheinwerfern (Pfeil mit durchgezogener Linie in Abbildung 2.7) auf die Straßenoberfläche treffende Licht, was zum Fahrer zurück reflektiert wird (Pfeil mit gestrichelter Linie in Abbildung 2.7). Der horizontale Winkelversatz wird für diesen Fall als 180° definiert ($\Delta\delta = 180°$).

Vorwärtsreflexion beschreibt folglich zum einen das Licht, was von Scheinwerfern des entgegenkommenden Verkehrs nach vorn zum Fahrer reflektiert wird (Pfeil mit gepunkteter Linie in Abbildung 2.7). Zum anderen meint es auch das Licht, was von den eigenen Scheinwerfern über die Straße nach vorn reflektiert wird und hinter dem reflektierenden Straßenstück indirekt auf Objekte trifft und mithin deren Sichtbarkeit beeinflusst. Der horizontale Winkelversatz wird hier als Null definiert ($\Delta\delta = 0°$).

Abbildung 2.7: Vom Scheinwerfer direkt auftreffendes Licht (Pfeil mit durchgezogener Linie) kann rückwärts (Pfeil mit gestrichelter Linie) und vorwärts (Pfeil mit gepunkteter Linie) reflektiert werden

2.2.2 Reflexionskennzahlen

Um das Reflexionsverhalten von Materialien zu beschreiben, gibt es in der Lichttechnik verschiedene Reflexionskennzahlen. Diese und die Zusammenhänge zwischen ihnen werden im Folgenden erläutert.

Reflexionsgrad ρ

Der einheitenlose Reflexionsgrad ρ beschreibt das Verhältnis des reflektierten Lichtstroms ϕ_o zum einfallenden Lichtstrom ϕ_i:

$$\rho = \frac{\phi_o}{\phi_i} = \frac{\int_0^\infty S(\lambda) \cdot \rho(\lambda) \cdot V(\lambda) \cdot d\lambda}{\int_0^\infty S(\lambda) \cdot V(\lambda) \cdot d\lambda} \qquad (2.6)$$

Für Lambertstrahler liegt der Reflexionsgrad zwischen 0 und 1.
Um Messergebnisse für den Reflexionsgrad vergleichbar zu halten, müssen hierbei die auftreffende Strahlung und die Messgeometrie genau bekannt sein. Solche Definitionen sind beispielsweise in [DIN 5036] festgelegt.

Leuchtdichtefaktor β

Der einheitenlose Leuchtdichtefaktor β bezeichnet das Verhältnis der reflektierten Leuchtdichte L eines Materials zur reflektierten Leuchtdichte des vollkommen mattweißen Materials L_w, wobei beide in gleicher Weise beleuchtet werden:

$$\beta = \frac{L}{L_w} \qquad (2.7)$$

Für diffuse Reflexion entspricht der Leuchtdichtefaktor dem Reflexiongrad, $\beta = \rho$. Folglich gilt für den absolut mattweißen Körper $\beta = 1$. Für gerichtete Reflexion kann β im Spiegelwinkel größer eins werden.

Leuchtdichtekoeffizient q

Der Leuchtdichtekoeffizient q in cd $\cdot$ (m^2 $\cdot$ lx)$^{-1}$ beschreibt das Verhältnis von in Richtung (α_o, δ_o) abgestrahlter Leuchtdichte L eines Materials zur in Richtung (α_i, δ_i) auftreffenden Beleuchtungsstärke E:

$$q = \frac{L(\alpha_o, \delta_o)}{E(\alpha_i, \delta_i)} \qquad (2.8)$$

Die entsprechende Geometrie wird in Abbildung 2.8 verdeutlicht.

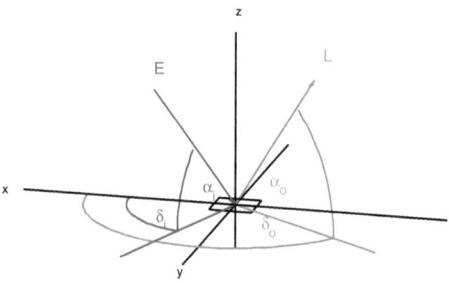

Abbildung 2.8: Winkelabhängigkeit des Leuchtdichtekoeffizienten

2.2. GRUNDLAGEN REFLEKTOMETRIE

Meist wird bei der Berechnung des Leuchtdichtekoeffizienten die mit dem Cosinus des vertikalen Lichteinfallswinkels $\cos(\alpha_i)$ gewichtete Beleuchtungsstärke E verwendet. Gerade in der automobilen Lichttechnik wird der Leuchtdichtekoeffizient jedoch häufig mit der radialen Beleuchtungsstärke E_r, also der senkrecht zur Lichtaustrittsrichtung gemessenen Beleuchtungsstärke, berechnet. Diese Abwandlung wird im Weiteren mit dem Index r verdeutlicht. Einige Autoren nutzen bei der Verwendung von E_r statt der Bezeichnung q_r die Bezeichnung R, zum Beispiel von Hoffmann [Hof03] oder Wambsganß [BMV699]. Hiervon soll jedoch Abstand genommen werden, da der Bezeichnung R im Internationalen Wörterbuch der Lichttechnik [CI87] die Bedeutung des Reflexionsfaktors zugeordnet wird.

Für sekundäre Lambertstrahler, also diffus reflektierende Materialien, gilt:

$$q = \frac{\rho}{\pi \cdot \Omega_0} \tag{2.9}$$

Hierbei ist Ω_0 der Einheitsraumwinkel. Für spiegelnde Materialen kann der Leuchtdichtekoeffizient größer eins werden.

Reflexionsfaktor R

Der einheitenlose Reflexionsfaktor R ist das Verhältnis des in einen Raumwinkel Ω_o reflektierten Lichtstroms ϕ_o zu dem Lichtstrom $\phi_{o,w}$, der in den gleichen Raumwinkel durch das vollkommen mattweiße, in gleicher Weise beleuchtete Material reflektiert wird.

$$R = \frac{\phi_o}{\phi_{o,w}} \tag{2.10}$$

Für kleine Lichteinfallsraumwinkel Ω_i kann der Reflexionsfaktor größer als 1 werden, wenn der Raumwinkel, in dem gemessen wird, das Spiegelbild der Lichtquelle enthält. Für kleine Beobachtungsraumwinkel Ω_o geht der Reflexionsfaktor R in den Leuchtdichtekoeffizienten q über (aus $\Omega_o \to 0$ folgt $R \to q$). Nimmt der Beobachtungsraumwinkel den Wert 2π sr (Halbraum) an, geht der Reflexionsfaktor R in den Reflexionsgrad ρ über (aus $\Omega_o = 2\pi$ folgt $R = \rho$).

2.2.3 BRDF - Bidirectional Reflectance Distribution Function

In der Computergrafik wird zur Beschreibung des Reflexionsverhaltens von Materialien häufig das Konzept der bidirektionalen Reflektanzverteilungsfunktion verwendet (Bidirectional Reflectance Distribution Function). Ausführliches Grundlagenwissen findet sich hierzu in Dutré [DBB06]. Vereinfacht lässt sich sagen, dass die BRDF eine Zusammenstellung von Leuchtdichtekoeffizienten eines Materials ist, die sich für verschiedene Einflussparameter ergeben. In den meisten Fällen wird hierfür jedoch nicht der Leuchtdichtekoeffizient verwendet, sondern sein strahlungsphysikalisches Äquivalent, der Strahldichtekoeffizient q_e in sr^{-1}. Mithin ist dieser das Verhältnis von in Richtung (α_o, δ_o) reflektierter Strahldichte L_e eines Materials zur in Richtung

(α_i, δ_i) auftreffenden Bestrahlungsstärke E_e. Bei spektraler Aselektivität (Unabhängigkeit von der Wellenlänge λ), wie sie im späteren Verlauf der Arbeit angenommen wird (siehe Abschnitt 3.2), sind Leuchtdichtekoeffizient q und Strahldichtekoeffizient q_e identisch. Im Weiteren wird deshalb in diesem Zusammenhang nur noch der Begriff Leuchtdichtekoeffizient verwendet.

Eigenschaften der BRDF

Im Folgenden sollen nur sehr kurz die grundlegenden Eigenschaften einer BRDF definiert werden, vgl. [DBB06].

Wertebereich Die Werte der jeweiligen Leuchtdichtekoeffizienten liegen zwischen 0, bei vollkommener Lichtabsorption, und theoretisch unendlich, für perfekt spiegelnde Materialen.

Energierhaltungssatz Wie überall in der Physik gilt auch hier der Energieerhaltungssatz: Es kann nicht mehr Lichtstrom bzw. Strahlungsfluss von einem Material reflektiert werden als auftrifft.

Reziprozität Reziprozität, auch Helmholtz Reziprozität, bedeutet, dass wenn bei einer BRDF-Messung der Leuchtdichtkoeffizient für eine feste Geometrie gemessen wird und Lichteinfalls- und Beobachtungsrichtung vertauscht werden, der gleiche Wert gemessen wird.

Superposition Es gilt das Superpositionsprinzip. In diesem Fall bedeutet das, dass sich einzelne Lichtstrahlen gegenseitig durchdringen oder überlagern, ohne sich zu beeinflussen.

Dimension Die BRDF kann bis zu sieben Dimensionen ($\lambda, \alpha_i, \alpha_o, \delta_i, \delta_o, x, y$) haben. Nimmt man Homogenität (Unabhängigkeit vom Ort auf der Oberfläche des Materials x, y), spektrale Aselektivität und Isotropie (reduziert δ_o und δ_i auf deren Differenz $\Delta\delta = |\delta_o - \delta_i|$) an, reichen zur Beschreibung die drei Dimensiononen vertikaler Lichteinfallswinkel α_i, vertikaler Beobachtungwinkel α_o und horizontaler Winkelversatz $\Delta\delta$ aus, siehe Abbildung 2.9.

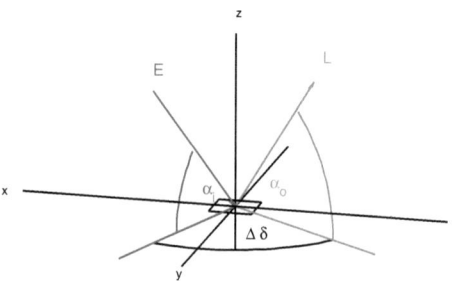

Abbildung 2.9: Winkelabhängigkeit der BRDF eines isotropen Materials

Einheit Prinzipiell sind BRDF-Werte einheitenlos. Jedoch werden die Strahldichtewerte zur Verdeutlichung ihrer Abhängigkeit vom Beobachtungsraumwinkel, unter dem gemessen wird, in sr^{-1} angegeben. Da hier der Leuchtdichtekoeffizient verwendet wird, ist die Einheit dementsprechend cd $\cdot$ (lx $\cdot$ m^2)$^{-1}$. Theoretisch ließe sich diese Einheit auch auf sr^{-1} kürzen. Die lichttechnischen Größen werden nur zur besseren Unterscheidung mitgeführt.

Kapitel 3

Stand der Forschung - Bisherige Arbeiten

Dieses Kapitel soll einen Überblick über bisherige Arbeiten zu Reflexionseigenschaften von Fahrbahndeckschichten geben. In den ersten beiden Abschnitten werden die Eigenschaften Isotropie und spektraler Reflexionsgrad definiert und relevante Arbeiten vorgestellt. Weiterhin wird begründet, warum für den weiteren Verlauf der Arbeit von Isotropie ausgegangen und das spektral selektive Reflexionsverhalten von Fahrbahndeckschichten vernachlässigt wird. In der Folge wird die Forschungslage für die Reflexion von Fahrbahndecken unter ortsfester Beleuchtung zusammengefasst und erklärt, warum diese auf die vorliegende Arbeit nicht angewendet werden kann. Anschließend wird der Stand der Forschung für Kfz-Beleuchtung vorgestellt, um aus diesem in Abschnitt 4.1 die Forschungsfragen und Hypothesen abzuleiten.

3.1 Isotropie von Fahrbahndeckschichten

Isotropie meint, dass die Reflexionseigenschaften einer Fahrbahndeckschicht unabhängig von dem Verdrehwinkel δ_i um die z-Achse sind. Dies bedeutet, dass der Leuchtdichtekoeffizient nur von drei Winkeln abhängt, dem vertikalen Lichteinfallswinkel α_i, dem vertikalen Beobachtungswinkel α_o und dem horizontalem Winkelversatz $\Delta\delta$ zwischen Lichtquelle und Beobachter. Die meisten Autoren schließen nach ihren Untersuchungen darauf, dass Fahrbahndeckschichten isotrop sind bzw. als isotrop angenommen werden können.
Für die Anwendung der ortsfesten Straßenbeleuchtung kommt die Internationale Beleuchtungskommission [CIE83, S. 16] zu dem Schluss, dass der zur Beschreibung anisotroper Oberflächen zusätzlich notwendige Winkel vernachlässigt werden kann. Dieser Schluss wird im Weiteren auf die Kfz-Beleuchtung übertragen [CIE83, S. 31].
Fleischer [Fle84, S. 43] erwartet im Rahmen seiner Arbeit zu Leuchtdichtekoeffizienten auf Fahrbahndecken für die flachen Anleucht- und Beobachtungswinkel der Kfz-Beleuchtung isotropes Verhalten grundsätzlich für neue Fahrbahnproben. Hingegen ist er wegen der einseitigen Verkehrseinwirkungen skeptisch, was diese Annahme bei älteren Fahrbahndecken angeht. Aber auch er findet, dass eine Verdrehung um die z-Achse keinen Einfluss auf den gemessenen Leuchtdichtekoeffizienten hat und mithin Isotropie angenommen werden kann.
1985 führt die OECD Messungen zur Überprüfung der Isotropieannahme für Straßenproben unter Kfz-Geometrie durch. Sie kommt zu dem Schluss: „In einigen Ausnahmefällen ist die Fahrbahndecke nicht isotrop (in alle Richtungen gleich brechend). [...] Allerdings kann im Normalfall der Einfluß dieses Winkels übergangen werden." [BMV446, S. 34]
Hoffmann [Hof03, s. 157] prüft 2001 zwei Fahrbahnproben, Asphaltbetone, auf Isotropie. An-

leuchtwinkel α_i und Beobachtungswinkel α_o betragen hierbei jeweils 10°. Er berechnet bei Variation des Winkels δ_i relative Standardabweichungen von 19 % bzw. 14 % aus seinen Messwerten für den Leuchtdichtekoeffizienten. Erwartungsgemäß ist die Standardabweichung bei der weniger befahrenen Probe kleiner. Hoffmann schließt aus seinen Messungen, dass er kein isotropes optisches Verhalten nachweisen kann.

Im Rahmen dieser Arbeit wird nicht weiter auf Isotropie eingegangen, weil es sich bei dem Messverfahren nicht um eines mit Probe handelt, die möglichweise in die „falsche" Richtung des Gonioreflektometers eingespannt wird. Statt dessen wird ein ganzes Straßenstück immer in Fahrtrichtung gemessen und es wird nicht betrachtet, ob sich gleiche Ergebnisse auch quer zur Fahrtrichtung ergeben würden, da dies praktisch keine Relevanz besitzt.

3.2 Spektraler Reflexionsgrad von Fahrbahndeckschichten

Allgemeine Überlegungen

Um das Reflexionsverhalten eines Materials umfassend beurteilen zu können, reicht eine bloße Betrachtung des Wertes von q, der durch Bewertung des Spektrums $S(\lambda)$ mit der spektralen Hellempfindlichkeit des Auges $V(\lambda)$ und anschließender Integration entstanden ist, im Allgemeinen nicht aus. Vielmehr müssen die beteiligten Komponenten des untersuchten Systems auch hinsichtlich ihrer spektralen Eigenschaften und deren Einfluss auf den integralen Wert abgeschätzt werden. Je nach verwendeter Lampe, mithin dem Lampenspektrum $S(\lambda)$, Straßendeckschicht (spektraler Reflexionsgrad $\rho(\lambda)$ bzw. Strahldichtekoeffizient $q_e(\lambda)$) und Messgerät (spektraler Messfehler, auch $V(\lambda)$-Anpassung) kann sich der integrale Wert des Leuchtdichtekoeffizienten unterscheiden.

Welcher Wellenlängenbereich vom spektralen Strahldichtekoeffizienten $q_e(\lambda)$ am wichtigsten ist, hängt von verschiedenen Faktoren ab. Zum einen von der spektralen Hellempfindlichkeit, deren Maximum sich je nach Anpassungszustand des Auges zwischen 507 und 555 nm befindet und zu den Seitenbereichen stark abfällt. Zum anderen kann der spektral aufgelöste Strahldichtekoeffizient natürlich nur in den Wellenlängenbereichen von Bedeutung sein, in denen die verwendete Lichtquelle auch Licht abstrahlt. Für den Anwendungsfall der Kfz-Beleuchtung kommen hier drei Spektren in Frage, nämlich die von Halogenglüh- und Gasentladungslampen, sowie die von LEDs, siehe Abbildung 3.1.

Sobald sich der spektrale Strahldichtekoeffizient eines Materials stark über die Wellenlänge ändert, erhält man für jede Lichtquelle einen anderen integralen Leuchtdichtekoeffizienten. Beispielsweise wird ein rotes Material für Lichtquellen mit einem hohen Energieanteil im langwelligen Bereich des Spektrums einen großen und für Lichtquellen mit einem hohen Energieanteil im kurzwelligen Bereich des Spektrums einen vergleichsweise kleinen Koeffizienten aufweisen. Eine Änderung des spektralen Reflexionsverhaltens ist auch durch Variation der Geometrie

3.2. SPEKTRALER REFLEXIONSGRAD VON FAHRBAHNDECKSCHICHTEN

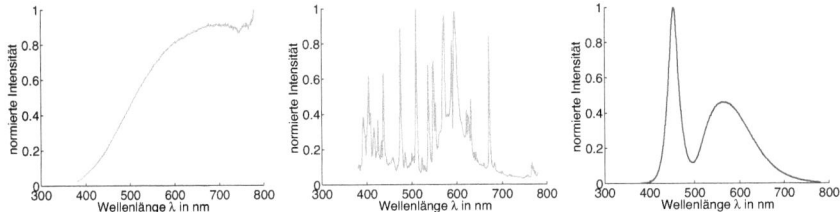

Abbildung 3.1: Typische Spektren in der automobilen Lichttechnik; links: Halogenglühlampe, mitte: Gasentladungslampe, rechts: LED; Hinweis: Hierbei handelt es sich um von der Fahrbahndeckschicht reflektierte Spektren.

möglich. Generell sind bei Fahrbahnoberflächen, insbesondere Asphalt, die „herausstehenden Berge" (Texturspitzen) aus einem anderen Material als die „Täler". Je flacher der Anstrahl- bzw. Beobachtungswinkel wird, umso mehr werden nur diese „Spitzen" und umso weniger die „Täler" beleuchtet bzw. gesehen. Das bedeutet, je stärker sich das spektrale Reflexionsverhalten der beteiligten Materialien unterscheidet, desto höher ist der Einfluss der Geometrie einzuschätzen. Je glatter eine solche Oberfläche ist, desto weniger kann eine Abschattung der Täler durch die Spitzen erfolgen. Folglich nimmt der Einfluss einer Änderung der Anleucht- bzw. Beobachtungsgeometrie auf das spektrale Reflexionsverhalten mit glatter werdender Oberfläche ab.

Bisherige Arbeiten

Im Folgenden werden einige Ergebnisse der aktuelleren Arbeiten zum spektralen Reflexionsverhalten von Fahrbahnoberflächen vorgestellt, deren wichtigste Parameter in Tabelle 3.1 zusammengefasst sind.

Untersuchung	Probenanzahl	Lichtquelle	α_i	α_o	abgeleitete Messgröße
[BMV699]	9	2 Halogenlichtquellen	10°	90°	$\rho(\lambda)$
[CE00]	>15	NLA	82°	diffus	$\rho_{(e,)8/d}(\lambda)$
[RECB00]	19	NLA	diffus 26,5°	82° 1°	$\rho_{(e,)d/8}(\lambda)$ $q_{-63,5}(\lambda)$
[Blu04]	3	Metalldampflampe (CCT = 4200 K) Hochdrucknatrium- dampflampe (CCT = 1900 K) Metalldampflampe (CCT = 3500 K)	90°, 45°, 1°	90°	relative $\rho(\lambda)$

Tabelle 3.1: Studien zum spektralen Reflexionsgrad von Fahrbahnoberflächen; Hinweis: NLA steht hier für Normlicht A, welches dem Spektrum einer genormten Glühlampe entspricht

Wambsganß [BMV699, S. 18 f.] untersucht den spektralen Reflexionsgrad unter einem Anleuchtwinkel von 10° und einer senkrecht auf die Straßenprobe gerichteten Beobachtung (Beobachtungswinkel $\alpha_o = 90°$). Er findet, dass der spektrale Reflexionsgrad von 380 bis 580 nm je nach untersuchter Probe unterschiedlich stark ansteigt und ab 580 nm konstant ist. Er schlägt vor, den Anstieg im kurzwelligen Bereich des Spektrums als linear zu betrachten. Am gleichen Institut untersucht Damasky [Dam94] in der Folge, ob mit Gasentladungslampen andere Reflexionskennwerte gemessen werden als mit Halogenglühlampen. Er findet, dass sich die integralen Reflexionsgrade für Fahrbahndeckschichten nicht unterscheiden. An der TU Dresden [RECB00, CE00] fand eine Untersuchung sowohl von Asphaltproben selbst als auch von in ihnen enthaltenen Gesteinen statt. Diese kommt unter anderen Anleucht- bzw. Beobachtungsgeometrien anhand einer größeren Anzahl von Proben zu ähnlichen Ergebnissen. Zwischen den drei untersuchten lichttechnischen Reflexionskennzahlen $\rho_{8/d}(\lambda)$, $\rho_{d/8(\lambda)}$ (Messaufbau nach [DIN 5036]) und $q_{-63,5}(\lambda)$ kann für Gesteine eine engere Korrelation nachgewiesen werden als für Asphaltproben. Blumtritt [Blu04, S. 17 ff.] untersucht den spektralen Reflexionsgrad für in der ortfesten Straßenbeleuchtung typische Spektren. Hierbei erfolgt die Anleuchtung unter $\alpha_i = 1°$, 45° und 90° zur Probe und die Beobachtung immer senkrecht ($\alpha_o = 90°$). Die drei Proben sind ein neuer und ein alter Asphalt, sowie ein Beton. Blumtritt findet qualitativ ähnliche Verläufe für das spektrale Reflexionsverhalten wie seine Vorgänger. Er gibt an, dass Fahrbahnoberflächen kurzwellige Strahlung bis zu 50 % weniger reflektieren als langwellige. Alles in allem zeigen diese Untersuchungen, dass Fahrbahnoberflächen spektral nicht aselektiv reflektieren. Jedoch ist ihr Verhalten über die Wellenlänge kontinuierlich und stetig.

Es ergibt sich also für die drei relevanten Spektren (siehe Abbildung 3.1) die Frage, wie stark sich die Abweichung vom perfekt aselektiv reflektierenden Material auf den integral gemessenen Leuchtdichtekoeffizienten auswirkt. Eine interessante Beispielrechnung führt hierzu das Fraunhofer Institut für Bauphysik [dBPR+09, S. 27 ff.] durch. Diese nimmt vier verschiedene Reflexionsverhalten von Fahrbahnoberflächen an: perfekt aselektives (A in Abbildung 3.2), ein reales selbst gemessenes, welches denen aus den im vorhergehenden erläuterten Untersuchungen sehr ähnelt und zwei theoretische Grenzfälle (B und C in Abbildung 3.2), die weit mehr vom perfekt aselektiven Material abweichen, als es von Fahrbahnoberflächen in der Realität zu erwarten ist. Für diese vier Materialien wird für vier Spektren - NLA, D65, LED (CCT = 3000 K), LED (CCT = 6500 K) - berechnet, wie stark im jeweiligen Fall der integrale Reflexionsgrad abweichen würde. Im Idealfall ist diese Abweichung 0 %. Die größten Abweichungen treten erwartungskonform bei den Grenzfällen auf und betragen maximal 5 %, für das reale spektrale Reflexionsverhalten erhält man maximal 1,1 %. Somit sind die Einflüsse des spektralen Reflexionsverhaltens vernachlässigbar klein.

Voruntersuchung - eigene Messungen

Die für diese Arbeit geplanten Messungen finden unter geometrisch anderen Bedingungen als die beschriebenen Untersuchungen statt. Es sollen neben den in einem Teil der Untersuchungen betrachteten flachen Anstrahlwinkeln nahezu ebenso flache Beobachtungswinkel berücksichtigt werden. Deshalb wird zunächst anhand eines Bohrkerns, der aus einer Bundesstraße entnom-

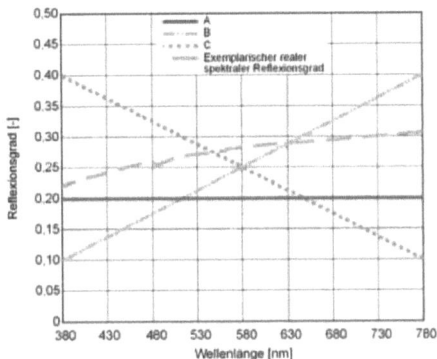

Abbildung 3.2: Untersuchte spektrale Reflexionsgrade [dBPR+09, S. 28]

men wurde, überprüft, ob diese Geometrieparameter qualitativ ähnliche Ergebnisse produzieren, wie die der vorher erläuterten Untersuchungen. Grundsätzlich ist dies wahrscheinlich, da für die vorangegangenen Untersuchungen auch kaum Abweichungen in Abhängigkeit von der jeweiligen Geometrie festgestellt werden. Diese Erwartung kann anhand eigener Messungen an Bohrkernen im Labor bestätigt werden.

Die meisten der im Rahmen dieser Arbeit durchgeführten Messungen finden im sogenannten Lichtkanal statt, einer etwa 140 m langen überdachten Straße. Deshalb ist die nächste Fragestellung, ob sich die Asphaltoberfläche hier hinsichtlich der spektralen Reflexionseigenschaften ähnlich zu denen der Bohrkernprobe verhält. Die hierfür durchgeführten Messungen streuen stark, liefern aber kein Indiz dafür, dass sich die spektralen Reflexionseigenschaften zwischen Lichtkanal und untersuchtem Bohrkern bedeutend unterscheiden.

Deshalb wird im Rahmen dieser Arbeit davon ausgegangen, dass alle betrachteten Fahrbahnoberflächen spektral nicht selektiv sind.

3.3 Reflexion von Fahrbahndeckschichten unter ortsfester Beleuchtung

Allgemeines

Die Reflexion von Fahrbahnoberflächen ist schon seit den 1950er Jahren ein Thema für die Lichttechnik im Bereich ortsfester Straßenbeleuchtung. Das Hauptziel dieser Untersuchungen ist, aus gemessenen Lichtstärkeverteilungen von Leuchten Leuchtdichten aus Perspektive eines Verkehrsteilnehmers möglichst korrekt zu berechnen. Diese Leuchtdichtewerte werden zur Bestimmung von Kennzahlen wie beispielsweise der mittleren Fahrbahnleuchtdichte, der Längsgleichmäßigkeit, der Schwellenwerterhöhung oder der Gesamtgleichmäßigkeit (Definitionen in Teil 2 der [DIN EN 13201]) zur Beschreibung von wahrnehmungsangepassten Gütemerkmalen benötigt. Näheres hierzu ist beispielsweise von Baer [Bae06, S. 115 ff.], Hentschel [Hen02, S. 220 ff.] und Boyce [Boy09, S. 103 ff.] zusammengefasst. Relevante Berichte der Internationalen Beleuchtungskomission CIE sind unter anderem [CIE79, CIE82, CIE83, CIE01]. Die wichtigste europäische Norm zum Thema ist die [DIN EN 13201]. Die deutsche Norm [DIN 5044] enthält noch einige für Deutschland gültige Details, die auf EU-Ebene noch nicht standardisiert wurden.

Reflexionskennzahlen zur Berechnung von Leuchtdichten ortsfester Straßenbeleuchtung

Um die notwendigen Leuchtdichten zu bestimmen, bedient man sich des Leuchtdichtekoeffizienten q. Grundsätzlich geht man auch hier von Isotropie aus. Die Definition des Koordinatensystems ist jedoch im Vergleich zu dem in dieser Arbeit verwendeten etwas anders. Der Lichtausstrahlwinkel, meist mit γ bezeichnet, wird von der z-Achse aus gemessen und entspricht somit $\gamma = \alpha_i - 90°$. Der Beobachtungswinkel α_o wird nicht variiert, sondern auf 1° festgelegt. Dies soll einer Beobachterhöhe von circa 1,5 m und einer Entfernung von circa 60 m bis 160 m entsprechen. Der horizontale Winkelversatz, in dieser Arbeit $\Delta\delta$, wird in der ortsfesten Straßenbeleuchtung häufig mit β bezeichnet. Veranschaulicht ist diese Geometrie in Abbildung 3.3.

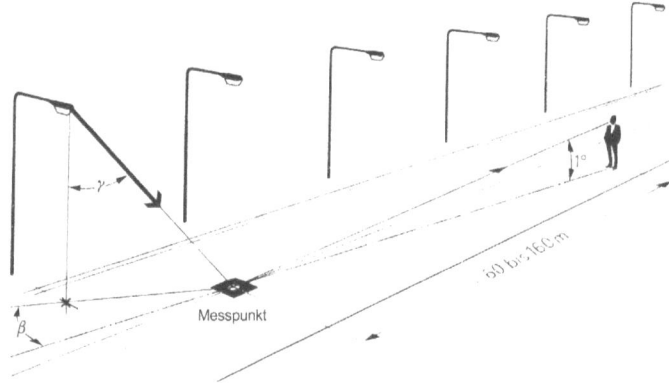

Abbildung 3.3: Übliche Winkeldefintion für die ortsfeste Straßenbeleuchtung [Hen02, S. 221]

Die zur Leuchtdichteberechnung in den Bewertungsfeldern notwendigen Leuchtdichtekoeffizienten werden in Tabellenform hinterlegt. Das Format und der vorgeschriebene Wertebereich dieser sogenannten Reflexionstabellen ist in Tabelle A.1 dargestellt. Eine solche Tabelle wird auch häufig als Reflexionsindikatrix oder r-Tabelle bezeichnet. Das kleine r steht hier für reduzierter Leuchtdichtekoeffizient und entspricht $r = q \cdot \cos^3(\gamma)$. Die in den Tabellen dargestellten r-Werte sind üblicherweise mit 10 000 multipliziert. Diese r-Tabellen werden anhand von Bohrkernproben im Labor mit einem sogenannten Gonioreflektometer gemessen.
Im Wesentlichen gibt es die drei folgenden Möglichkeiten mit r-Tabellen zu arbeiten. Die erste

3.3. ORTSFESTE STRASSENBELEUCHTUNG

Möglichkeit ist, für jede Straßendeckschicht die komplette r-Tabelle zu messen, um die gesuchten Leuchtdichtekoeffizienten zu bestimmen. Dies hat sich wegen des sehr hohen Aufwandes in der Praxis nicht durchgesetzt. Gegen den hohen Aufwand spricht außerdem, dass nicht davon ausgegangen werden kann, dass die vermessene Probe repräsentativ für die gesamte Deckschicht ist. Die Repräsentativität hängt zum einen von der Homogenität der betrachteten Deckschicht ab. Zum anderen wird ein Bohrkern bei der Entnahme durch das Herausbohren immer etwas beschmutzt und muss dementsprechend für die Messung vorbereitet werden. Die Probenvorbereitung beeinflusst ebenfalls die Messwerte und leider besteht über die Art und Weise einer Probenvorbereitung keine einheitliche Meinung. Außerdem verändern sich gerade neue Deckschichten über die Liegedauer noch stark, so dass eine r-Tabelle auch nicht für die komplette Liegedauer einer Straßendecke repräsentativ sein kann.

Der Aufwand kann verringert werden, indem man nur ausgewählte Punkte aus der r-Tabelle misst und die restlichen Punkte interpoliert. Anhand dieser Werte könnte man aus einer Art Katalog, wie z.B. dem Atlas der Fahrbahndeckschichten von Erbay [Erb74], die am besten passende r-Tabelle auswählen. Aber auch diese Methode konnte sich mangels eines standardisierten Katalogs, der alle Beteiligten zufrieden stellte, in der Praxis nicht durchsetzen. Jedoch findet sich die eine oder andere Anwendung in Wissenschaft und Forschung.

Die dritte Methode ist die gängige Praxis. Hierbei werden sogenannte Klassifizierungskennziffern bestimmt. Anhand dieser wird aus einer kleinen Anzahl Standard-r-Tabellen die „richtige" gewählt. Mit Hilfe der gewählten Reflexionsindikatrix werden die Leuchtdichten berechnet, mit denen die Beleuchtungsanlage entsprechend geplant wird. Gängige Systeme sind in Tabelle 3.2 zusammengefasst. Das R-System ist das in Deutschland gebräuchlichste. Die zwei C-Klassen wurden geschaffen, um das System noch stärker zu vereinfachen. Außerdem zeigte die Anwendung, dass die praktischen Unterschiede in den Klassen R2 bis R4 eher klein waren. Die N-Klassen tragen vor allem dem in Nordeuropa verwendeten künstlichen Aufhellgestein Rechnung.

System	Klassen	Kennziffer $S1$ mit Grenzen für die Zuordnung	Standardwert $q_{0,\text{Standard}}$
R	R1	$S1 < 0,42$	$q_0 = 0,1$
	R2	$0,42 < S1 < 0,85$	$q_0 = 0,07$
	R3	$0,85 < S1 < 1,35$	$q_0 = 0,07$
	R4	$1,35 < S1$	$q_0 = 0,08$
C	C1	$S1 < 0,4$	$q_0 = 0,1$
	C2	$0,4 < S1$	$q_0 = 0,07$
N	N1	$S1 < 0,28$	$q_0 = 0,1$
	N2	$0,28 < S1 < 0,6$	$q_0 = 0,07$
	N3	$0,6 < S1 < 1,3$	$q_0 = 0,07$
	N4	$1,3 < S1$	$q_0 = 0,08$

Tabelle 3.2: Gebräuchliche lichttechnische Klassifizierungssysteme für Fahrbahndeckschichten unter ortsfester Beleuchtung nach z.B. [Boy09, CIE01]

Die beiden am häufigsten verwendeten Kennziffern für die vorgestellten Systeme sind der Grad der Helligkeit q_0 und der Spiegelfaktor $S1$. Für die Zuordnung zu einer bestimmten Straßenklasse wird ausschließlich der Spiegelfaktor $S1$ verwendet. Er berechnet sich zu

$$S1 = \frac{r(\beta = 0°, \tan\gamma = 2)}{r(\beta = 0°, \gamma = 0°)} \quad (3.1)$$

$\tan\gamma = 2$ entspricht $\gamma = 63,5°$ bzw. $\alpha_i = 26,5°$. Der raumwinkelgetreue mittlere Leuchtdichtekoeffizient q_0 entspricht dem Grad der Helligkeit und berechnet sich zu

$$q_0 = \frac{1}{\Omega_S} \cdot \int q(\beta, \gamma) d\Omega \quad (3.2)$$

Der Raumwinkel Ω_S, aus dem eingestrahlt wird, ist in Abhängigkeit von der Lichtpunkthöhe h der Leuchte festgelegt, nämlich 12 h in Messrichtung, 4 h entgegen der Messrichtung und jeweils 3 h in seitlicher Messrichtung. Der Wert des Leuchtdichtekoeffizienten q_0 kann standardmäßig zugeordnet, durch die Messwerte der r-Tabelle berechnet oder durch stark vereinfachende Verfahren gemessen werden. Bei bekanntem Standardleuchtdichtekoeffizienten $q_{0,\text{Standard}}$ und gemessenem q_0 kann die entsprechende Standard-r-Tabelle mit dem Faktor $q_0/q_{0,\text{Standard}}$ multipliziert werden, um die Prädiktion der Leuchtdichtewerte zu verbessern.

Allgemein ist anzumerken, dass bereits 1978 Berg [Ber78] in seiner Arbeit feststellt, dass sich die Klassenzuordnung während der Liegedauer und somit für verschiedene Verschleißzustände ändert. Hierfür untersucht er 20 Fahrbahnproben (18 Asphaltbeton, 1 Gussasphalt, 1 Zementbeton) in jeweils drei Verschleißzuständen, die er mit einem Verschleißsimulationsgerät herstellt. Die simulierten Liegezeiträume betragen sechs Monate, zwei Jahre und sechs Jahre. Aus diesem Grund scheint eine Möglichkeit der schnellen Überprüfung von lichttechnischen Kennzahlen, wie q_0 und $S1$ unumgänglich. Zu diesem Zweck wurden einige Straßenreflektometer entwickelt, die im übernächsten Abschnitt kurz vorgestellt werden.

Untersuchungen zu nassen und feuchten Fahrbahnoberflächen

Das Reflexionsverhalten von Fahrbahndeckschichten ändert sich stark in Abhängigkeit vom Nässegrad. Qualitativ lässt sich sagen, dass das Reflexionsverhalten nasser Fahrbahnoberflächen sehr viel spiegelnder ausfällt. Somit verschlechtern sich die Sichtbedingungen im Straßenverkehr in den meisten Fällen deutlich. Untersuchungen zu den Reflexionseigenschaften von nassen Fahrbahndeckschichten sind aufgrund der Reproduzierbarkeit und mithin eher schlechten Vergleichsmöglichkeiten sehr schwierig zu handhaben. Beispielsweise ist die zeitaufwändige Messung einer r-Tabelle für feuchte Proben aufgrund des Abtrocknungsverhaltens sehr schwierig. Trotz allem gibt es das sogenannte W-System, für das die Klassen W1 bis W4 als Standardreflexionsindikatrix einer nassen Fahrbahndeckschicht vorliegen [CIE01]. Für die Lichtplanung finden die Reflexionseigenschaften nasser bzw. feuchter Fahrbahnoberflächen, wenn überhaupt, vorrangig in den skandinavischen Ländern Anwendung.

Arbeiten, die jeweils sehr umfangreich den aktuellen Forschungsstand zum Thema darstellen, sind von Kebschull [Keb68], Berg [Ber78] und Ziegler [Zie81] verfasst. Kebschull entwickelt eine Art Facettenmodell unter Berücksichtigung der Brechungsindizes von Wasser, Luft und verschiedener Bestandteile der Fahrbahndecke, um das Reflexionsverhalten zu beschreiben. Berg untersucht 20 Fahrbahnproben in jeweils fünf bzw. sechs definierten Feuchtezuständen und drei durch ein Verschleißsimulationsgerät definierten Verschleißzuständen. Insgesamt wertet er 302 gemessene r-Tabellen und u.a. die lichttechnischen Kennwerte q_0 und $S1$ aus. Er weist nach, dass mit zunehmender Nässe sowohl q_0 als auch $S1$ stark ansteigen. Aufgrund der Vielzahl unabhängiger Variablen in seinen Untersuchungen formuliert Berg im Weiteren fast nur aus Trends abgeleitete Vermutungen, die durch weitere gezieltere Untersuchungen verifiziert werden müssten. Ziegler leitet aus seinen Messungen mittels Faktorenanalyse Kennziffern ab, die das Reflexionsverhalten möglichst vollständig beschreiben sollen. Die Vorschläge von Kebschull und Ziegler setzten sich in der Praxis nicht durch.

Straßenreflektometer für ortfeste Straßenbeleuchtung

Da Messungen an Bohrkernen im Gonioreflektometer sehr aufwändig sind, wurden unterschiedliche sogenannte Straßenreflektometer entwickelt. Diese sind portabel und können auf eine Fahrbahndecke aufgesetzt werden. Die entsprechenden Messungen können ohne aufwändige Bohrkernentnahme mithin zerstörungsfrei und in der Regel sehr schnell durchgeführt werden. Im Allgemeinen werden Leuchtdichtekoeffizienten gemessen, die entweder durch Rechenvorschriften direkt in bestimmte Kennzahlen überführt werden oder es werden anhand von Näherungsvorschriften bestimmte Kennzahlen zugeordnet. Beispielsweise schätzt das Reflektometer nach Range [KR86] u.a. q_0, das nach Eckert [Eck89] u.a. $S1$ und die Geräte LTL 2000 [Soe76] und MoFOR [BD06] u.a. q_0 und $S1$. Die neueste Entwicklung diesbezüglich stammt vom Fraunhofer IPB [dBPR+09]. Das dort entwickelte Messgerät verwendet LEDs als Lichtquelle. Es schätzt ebenfalls u.a. q_0 und $S1$. Interessant ist, dass einige Geräte von wenigen Messpunkten auf die 396 Werte der r-Tabellen schließen. Beispielsweise ordnen die Geräte LTL 2000 und das Straßenreflektometer nach Schreuder [Sch06] anhand von acht gemessenen r-Werten eine Reflexionsindikatrix zu. Das Colouroute Gerät des LRPC [MPG08] verwendet 27 Stützstellen um eine Reflexionsindikatrix aus einem 77 r-Tabellen umfassenden Katalog zu wählen. Das Memphis Gerät [Mag08] realisiert dies anhand von 180 Stützstellen und einem ständig wachsenden r-Tabellen Katalog. Selbst 180 Stützstellen sind kritisch zu sehen, da diese immer so gewählt werden, dass faktisch nicht interpoliert wird, sondern immer zu den kleinen Winkeln extrapoliert. Zusammenfassend lässt sich sagen, dass Straßenreflektometer zwar in gewissen Grenzen relative Vergleiche von Fahrbahndeckschichten zulassen, aber im Großen und Ganzen recht kritisch betrachtet und verwendet werden sollten.

3.4 Reflexion von Fahrbahndeckschichten unter Kfz-Scheinwerferbeleuchtung

In diesem Abschnitt wird nach der Darlegung allgemeiner Herausforderungen der Bestimmung von Leuchtdichtekoeffizienten unter kleinen Anstrahlwinkeln auf portable Reflektometer für die Messung von Leuchtdichtekoeffizienten eingegangen. Im Anschluss werden wesentliche Studien zu Vorwärts- bzw. Rückwärtsreflexion von trockenen bzw. nassen Straßendeckschichten vorgestellt. Diese sind intern immer so gegliedert, dass zunächst Laborstudien anhand von Fahrbahnproben mit Gonioreflektometern und im Anschluss Feldstudien auf realen Fahrbahnoberflächen erläutert werden.

Zur Herstellung kleiner Anstrahlwinkel in Gonioreflektometern

Wie bereits erwähnt, werden Reflexionseigenschaften von Materialien im Allgemeinen mit Gonioreflektometern gemessen. Die Problematik bei der Bestimmung von Leuchtdichtekoeffizienten für die Kfz-Beleuchtung liegt in den kleinen Anstrahlwinkeln. Bei zu kurzen Messabständen bzw. sehr kleinen Messfeldern besteht die Gefahr, dass statt der gesamten Deckschicht nur der Leuchtdichtekoeffizient einzelner Körner gemessen wird, vgl. $\alpha_{i1} > \alpha_{i2}$ in Abbildung 3.4. Um Streulicht zu vermeiden, sollte der Öffnungsraumwinkel Ω_i des Messlichts jedoch so klein sein, dass er möglichst wenig über die Probe hinaus leuchtet. Das heißt, dass dieser Öffnungswinkel mit kleiner werdendem Anstrahlwinkel auch immer kleiner werden muss, siehe Abbildung 3.4.

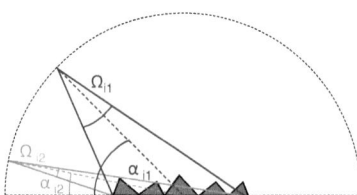

Abbildung 3.4: Idealer Öffnungswinkel der Messlichtquelle, um die Probe vollständig auszuleuchten und dabei möglichst wenig Streulicht zu produzieren; mit kleiner werdendem Lichteinfallswinkel $\alpha_{i1} > \alpha_{i2}$ wird der zulässige Öffnungswinkel kleiner $\Omega_{i1} > \Omega_{i2}$

Leider sind kleine Lichteinfallswinkel viel schwieriger reproduzierbar herstellbar. Diese Schwierigkeit nimmt mit zunehmendem Messabstand ab. Ein großer Messabstand benötigt aber einerseits wiederum eine viel größere auftreffende Beleuchtungsstärke und reflektierte Leuchtdichte, damit das Messsignal im Gültigkeitsbereich des entsprechenden Messgerätes liegt. Andererseits wird der zulässige Öffnungswinkel der Messlichtquelle dadurch noch kleiner. Es liegt also ein ständiger Zielkonflikt vor.

Für Rückwärtsreflexion besteht das zusätzliche Problem, dass Lichtquelle und Leuchtdichtemessgerät theoretisch sehr nah aneinander bzw. am selben Ort positioniert werden müssten. Dies ist aber wegen ihrer Ausdehnung nur begrenzt möglich.

3.4. KFZ-SCHEINWERFERBELEUCHTUNG

Retroreflektometer für Kfz-Beleuchtung

Straßendeckschichten werden zur Zeit ausschließlich anhand ihrer für die ortsfeste Straßenbeleuchtung relevanten Eigenschaften bewertet. Reflektometer, die eine standardisierte Kfz-Geometrie nachbilden, gibt es nur für Fahrbahnmarkierungen [DIN EN 1436, ASTM E 1710]. Die hier festgelegten Winkel orientieren sich an einer Messentfernung von 30 m ($\alpha_i = 1{,}24°$, $\alpha_o = 2{,}29°$). Prinzipiell messen diese Geräte auch Leuchtdichtekoeffizienten q_r für Rückreflexion unter Verwendung radialer Beleuchtungsstärken. Für Fahrbahnmarkierungen wird diese Messgröße jedoch Nachtsichtbarkeit R_L genannt. Empfehlungen für Retroreflektometer gibt auch die Internationale Beleuchtungskommission [CIE01, S. 17, S. 20ff.]. Für ein Messgerät dieser Art wird im weiteren Verlauf geprüft, ob es ähnliche Ergebnisse für Straßendeckschichten liefert, wie die in dieser Arbeit angewandte Methode. Geräte zur Messung der Vorwärtsreflexion von Straßendeckschichten unter Kfz-Geometrie sind derzeit nicht auf dem Markt.

Arbeiten zur Rückwärtsreflexion trockener Fahrbahndeckschichten

Eine Übersicht über die Parameter der im Folgenden aufgezeigten Laboruntersuchungen findet sich in Tabelle 3.3.

Eine der ersten umfangreichen Untersuchungen zu Leuchtdichtekoeffizienten von Straßendeckschichten für die Kfz-Beleuchtung stammt von Fleischer [Fle84]. Diese Leuchtdichtekoeffizienten bestimmt er anhand eines eigens dafür ausgelegten Gonioreflektometers mit einem Messabstand von 30 m. Seine Messungen lassen sich in zwei Teile gliedern. Im ersten Teil misst er die Leuchtdichtekoeffizienten von drei Proben für jeweils etwa 1200 Winkelkombinationen. Hierbei findet er zwischen Beobachtungswinkel und Leuchtdichtekoeffizient nachstehenden Zusammenhang:

$$q(\alpha_o) = a \cdot \exp(b \cdot \sqrt{\alpha_o}) \tag{3.3}$$

Die Konstanten a und b hängen jeweils von der Probe selbst, vom Lichteinstrahlwinkel und vom horizontalen Winkelversatz ab. Sie werden anhand der Messwerte für die Proben bestimmt. Zwischen dem horizontalen Versatzwinkel und dem Leuchtdichtekoeffizienten stellt Fleischer einen linearen Zusammenhang fest.

Im zweiten Teil seiner Untersuchungen bestimmt Fleischer die Leuchtdichtekoeffizienten von 20 Fahrbahnproben für jeweils 30 Winkelkombinationen. Die Ergebnisse stellt er in Abhängigkeit vom horizontalen Versatzwinkel und vom vertikalen Beobachtungswinkel dar. Hierbei muss angemerkt werden, dass für diese verschiedenen Winkelkombinationen der Anleuchtwinkel nicht konstant gehalten wird. Er wird derart gewählt, dass er einem Messpunkt unter realer Straßengeometrie, bei einer Scheinwerferanbauhöhe von $h_i = 0{,}63$ m und einer Beobachtungshöhe $h_o = 1{,}17$ m entspricht. Durch dieses Vorgehen kann Fleischer das Verhalten des Leuchtdichtekoeffizienten über die Entfernung beurteilen. Er kommt zu dem Schluss, dass der Leuchtdichekoeffizient mit zunehmender Entfernung größer wird.

Die nächste umfangreichere Laboruntersuchung wurde von der TH Darmstadt durchgeführt

Laboruntersuchung	Probenanzahl	Lichtquelle	Messentfernung	α_i	α_o	$\Delta\delta$	abgeleitete Messgröße
[Fle84]	3 ($\varnothing \approx$ 22 cm)	450 W- Xenon-Kurzbogenlampe	30 m	0,56° und 1,12°	0,84° ... 8,05° (26 Schritte) bzw. 1.12° ... 8.05° (25 Schritte)	0° bis 12,11 ° (22 Schritte)	q
[Fle84]	20 ($\varnothing \approx$ 22 cm)	450W- Xenon-Kurzbogenlampe	30 m	$\in [0.55, 3.17]$	1°, 2°, 3°, 4°, 5°	2°, 4°, 6°, 8°, 10°, 12°	q
[BMV699]	9 (55 cm · 40 cm)	Dia-Projektor mit Halogenlampe (250 W)	14 m	1,29°, 0,75°, 0,46°	$\in [0,84, 4,57]$	0° bis 4°	q_r
[Ros99]	2	Dia-Projektor mit Halogenglühlampe	3,2 m	4°	1° bis 90°	0°	q_r
[Hof03]	3 ($\varnothing \approx$ 15 cm)	Projektor mit Halogenlampe	5 m	1°, 1,5°, 2°, 5°, 10°, 15°	0,5°, 0,7°, 1°, 1,5°, 2°, 5°, 10°, 15°, 20°	0°, 5°, 10°, 25°, 50°, 130°, 155°, 170°, 175°, 180°	q_r

Tabelle 3.3: *Laboruntersuchungen zum Leuchtdichtekoeffizienten für Rückwärtsreflexion von Fahrbahnoberflächen, Hinweis: ausschließlich in diesem Abschnitt ist zum einfacheren Vergleich mit den erwähnten Untersuchungen der horizontale Versatzwinkel mit $\Delta\delta = 0°$ für die Rückwärtsreflexion definiert, sonst mit $\Delta\delta = 180°$*

[BMV699]. Hierfür verwendet Wambsganß einen Versuchsaufbau, der einem Gonioreflektometer ähnelt. Der Messabstand beträgt 14 m. Die Leuchtdichtemessung wird mittels einer Eigenkonstruktion von einer auf Leuchtdichten kalibrierten CCD-Kamera durchgeführt. Hierbei sind 4096 Quantisierungsstufen auf 10 Dekaden verteilt. Die Auflösung beträgt (576 · 384) Bildpunkte. Dieser Ansatz ist insoweit förderlich, da anhand der Pixel der jeweilige Auswertebereich genauer an die notwendige Apertur angepasst werden kann als bei einem herkömmlichen Leuchtdichtemessgerät. Wambsganß legt seine Winkelkombinationen für die Messung derart fest, dass die Anleuchtwinkel realistischen Scheinwerferanbauhöhen entsprechen. Die Beobachtungswinkel werden so gewählt, dass sie zum einen Beobachterhöhen von 1,10 m, 1,17 m und 2,25 m entsprechen und zusätzlich auf einer realen Straße in den Entfernungen 30 m, 50 m und 80 m mit den entsprechenden Anleuchtwinkeln zusammen fallen würden. Horizontal befinden sich Lichtquelle und Leuchtdichtemessgerät in der selben Ebene. In einem zweiten Versuchsteil variiert Wambsganß den horizontalen Versatzwinkel und findet, wie Fleischer zuvor, einen linearen Zusammenhang. Dabei verifiziert er die Symmetrieannahme, d. h. der Leuchtdichtkoeffizient verhält sich in jeder Richtung identisch, also unabhängig davon, ob die Verdrehung mit

3.4. KFZ-SCHEINWERFERBELEUCHTUNG

oder gegen den Uhrzeigersinn erfolgt. Anhand seiner Messergebnisse modelliert er das Verhalten der Rückwärtsreflexion folgendermaßen:

$$q_\mathrm{r}(\alpha_\mathrm{i}, \alpha_\mathrm{o}, \Delta\delta) = C_1 \cdot \frac{\alpha_\mathrm{i}}{\alpha_\mathrm{o}} - C_2 \cdot \frac{\Delta\delta}{1°} \qquad (3.4)$$

Hierbei stellen C_1 und C_2 probenspezifische Konstanten dar. Der erste Term der Gleichung lässt darauf schließen, dass sich der Leuchtdichtekoeffizient linear zum Lichteinfallswinkel und zum Reziprokwert des Beobachtungswinkels verhält. Tatsächlich findet er eine deutliche Zunahme des Leuchtdichtekoeffizienten q_r mit kleiner werdendem Beobachtungswinkel α_o. Der Lichteinfallswinkel α_i wird nicht systematisch variiert. Deshalb kann sein Einfluss prinzipiell nicht isoliert betrachtet werden. In der Gleichung wird aber ein linearer Zusammenhang angesetzt. Insgesamt widerspricht dieser erste Term der in Abschnitt 2.2.3 geforderten Reziprozitätseigenschaft. Der zweite Term bildet den gefundenen linearen Zusammenhang mit dem horizontalen Versatzwinkel ab. Eine Abhängigkeit von der mittels Messung simulierten Entfernung von 30 m bis 80 m schließt Wambsganß aus und bestätigt diese Aussage anhand einer Außenmessung. Rosenhahn [Ros99, S. 27 ff.] weist anhand einer sehr groben und einer sehr feinen Probe gleichen Materials den naheliegenden Zusammenhang nach, dass grobe Oberflächen einen höheren Leuchtdichtekoeffizienten in Rückwärtsrichtung aufweisen.

Die letzten ausführlichen Messungen an einem Goniorefektometer stammen von Hoffmann [Hof03] bzw. Knauf [Kna01]. Er kommt zu dem Ergebnis, dass der Leuchtdichtekoeffizient q_r mit der Entfernung ansteigt. Er interpretiert, dass seine Ergebnisse somit im Einklang mit denen von Fleischer, aber nicht mit denen von Wambsganß stehen. Die von beiden Vorgängern gefundene Linearität vom horizontalen Versatzwinkel lehnt er mit Blick auf ein Messwertdiagramm mit deutlich nichtlinearen Verläufen des Leuchtdichtekoeffizienten über den horizontalen Versatzwinkel ab. Das Diagramm bildet aber einen weit größeren Bereich für den Untersuchungsbereich des horizontalen Versatzwinkels ($\Delta\delta \in [0°, 25°]$) ab, als den, über den seine Vorgänger eine Aussage treffen ($\Delta\delta \in [0°, 12°]$ bzw. $\Delta\delta \in [0°, 4°]$). Schränkt man den Bereich seiner Messergebnisse entsprechend ein, stimmen sie sehr gut mit den Ergebnissen von Fleischer [Fle84] und Wambsganß [BMV699] überein.

Tabelle 3.4 gibt eine Übersicht der Parameter der im Weiteren beschriebenen Felduntersuchungen.

Eine große Felduntersuchung zum Thema Leuchtdichtekoeffizienten von realen Fahrbahndeckschichten unternimmt die TH Darmstadt [BMV629, S. 22 ff.]. Hierbei wird der Leuchtdichtekoeffizient aus einem realen Automobil 15 m vor dem Fahrzeug bestimmt. Er wird anhand der an diesem Ort bekannten Beleuchtungsstärke und der aus dem Fahrzeug heraus gemessenen Leuchtdichte errechnet. Das Messfenster des Leuchtdichtemessgerätes hat eine Apertur von 20' und beschreibt somit auf der Fahrbahnoberfläche eine Messfläche von 0,1 m Breite und 1,3 m Länge. Mit diesem Aufbau werden 4200 km trockene Straßen befahren, die vorher hinsichtlich ihrer Repräsentativität ausgewählt worden sind. In 100 m-Abständen wird der Leuchtdichtekoeffizient erfasst. Auf der Fahrt werden insgesamt circa 23500 verwendbare Messwerte aufge-

Felduntersuchung	Lichtquelle	h_i	h_o	Entfernung	abgeleitete Messgröße
[BMV629]	H4-Scheinwerfer AL	0,65 m (α_i = 2,5°)	1,20 m (α_o = 4,6°)	15 m	q_r
[BMV812]	GEL-SW	0,65 m	1,20 m	5 m...50 m	q_r
[Hof03]	GEL-Projektions-SW			10 m ... 50 m	q_r

Tabelle 3.4: Felduntersuchungen zum Leuchtdichtekoeffizienten für Rückwärtsreflexion von Fahrbahnoberflächen

nommen. Je nach Straßentyp liegen die Mediane der Leuchtdichtekoeffizienten zwischen 6 und 8 mcd/(lx · m^2). 90 % aller Messwerte liegen zwischen 3,75 und 14,5 mcd/(lx · m^2). Im Allgemeinen haben Straßen in nördlichen Bundesländern einen größeren Leuchtdichtekoeffizienten als südliche. Dies ist auf eine vermehrte Verwendung von Aufhellgesteinen zurück zu führen. (Hinweis: Die Daten wurden nur in den damaligen alten Bundesländern Deutschlands mit Ausnahme von Berlin erfasst.)

Einen sehr ähnlichen Ansatz zu der vorliegenden Arbeit wählen Schmidt-Clausen und Schwenkschuster [BMV812]. Sie verwenden die oben beschriebene, selbst entwickelte Leuchtdichtekamera und ordnen die damit aus einem Auto heraus gemessenen Leuchtdichtewerte den aus der Lichtstärkeverteilung des Scheinwerfers berechneten Beleuchtungsstärken zu. Hiermit kommen sie zu dem Ergebnis, dass der Leuchtdichtekoeffizient über eine Entfernung von 5 m bis 50 m konstant ist.

Hoffmann [Hof03, S. 75] verifiziert anhand seiner Feldmessung auf einer Fahrbahnoberfläche sein Ergebnis eines Anstiegs des Leuchtdichtekoeffizienten q_r bis zur maximal untersuchten Entfernung von 50 m. Er charakterisiert ihn zudem als linear und stellt für die untersuchte Fahrbahndecke folgende Beschreibungsgleichung auf

$$q_\mathrm{r} = 0,02279 \cdot x - 0,029722 \tag{3.5}$$

Hierbei ist x in m die Entfernung vom Scheinwerfer. Laut Gleichung wird der Leuchtdichtekoeffizient für Entfernungen kleiner 1,3 m negativ, was vermutlich nicht betrachtet wird, da der untersuchte Bereich erst ab 10 m beginnt. Der Einfluss des horizontalen Versatzwinkels wird hier nicht weiter untersucht, weil aus vorangegangen Arbeiten geschlossen wird, dass er für die betrachteten Entfernungen einen vernachlässigbaren Einfluss hat.

Auch innerhalb der Internationalen Beleuchtungskommission wird das Thema diskutiert. Schon 1983 zitiert die CIE eine dänische Studie von 1972. Diese ist zum Ergebnis gekommen, dass der Leuchtdichtekoeffizient q_r von Straßendeckschichten unter Kfz-Beleuchtung ab einer Entfernung von 50 m vor dem Fahrzeug als konstant angenommen werden kann. Daraus leitet die CIE ab, dass sich der Leuchtdichtekoeffizient mit einer Abweichung von etwa 10 % als lineare Funktion in Abhängigkeit von nur einer Variablen beschreiben lässt, nämlich dem Verhältnis

3.4. KFZ-SCHEINWERFERBELEUCHTUNG

von Anleuchtwinkel zu Beobachtungswinkel ($q_r = $ Konstante $\cdot (\alpha_i/\alpha_o)$). Dieser Zusammenhang stimmt mit der von Wambsganß [BMV699] gefundenen Beschreibungsformel, siehe Gleichung 3.4, überein. Als Bedingungen für die Gültigkeit dieses Zusammenhangs wird angegeben, dass $\alpha_i < 0,75°$ und $\alpha_i < \alpha_o$ [CIE83, S. 32 ff.].
2001 formliert die CIE unter Berufung auf Forschungsergebnisse von 1952, dass sich der Leuchtdichtekoeffizient für die relevanten Beobachtungswinkel von 0,5° bis 2° nicht signifikant ändert [CIE01, S. 3]. In der gleichen Veröffentlichung wird der für Beobachtungswinkel ein Bereich von 0,7° bis 7° als relevant angesehen und das Verhältnis von α_i/α_o standardmäßig auf 0,54 gesetzt. Hierfür wird wiederum ein Bericht von 1983 zitiert, der besagt, dass sich der Leuchtdichtekoeffizient für diese Bedingungen kaum mit der Entfernung ändert [CIE01, S. 12]. Interessant ist der Zusatz, dass sich der Leuchtdichtekoeffizient kaum systematisch ändert, was prinzipiell auch ein Hinweis auf verrauschte Messergebnisse oder nicht genügend genau reproduzierbare Winkel sein könnte.

Arbeiten zur Rückwärtsreflexion nasser Fahrbahndeckschichten

Nässe wirkt sich sehr stark auf die Rückwärtsreflexion von Fahrbahndeckschichten aus. Qualitativ bewirkt Nässe ein spiegelnderes Reflexionsverhalten. Somit ist zu erwarten, dass bei gleicher Lichtstärkeverteilung des eigenen Scheinwerfers viel weniger Licht zum Fahrer zurück kommt. Dadurch verschlechtern sich die Sichtbedingungen immens. Die Änderung des Verhaltens genauer zu kennen, um mit Hilfe entsprechenden Wissens mit einer angepassten Lichtstärkeverteilung die Sichtbedingungen möglichst optimal zu halten, ist das Ziel der in der Folge erläuterten Arbeiten.

Wambsganß [Wam96, S. 25 f.] begegnet dem Problem der Reproduzierbarkeit der Messung nasser bzw. feuchter Fahrbahnproben anhand einer Referenzprobe. Diese wird simultan immer mit gemessen und geprüft, ob sie sich bei jeder Messung gleich verhält. Das sichert zumindest eine Äquivalenz der Versuchsbedingungen innerhalb seiner Messreihe. Insgesamt untersucht er jeweils einen circa dreistündigen Abtrocknungsvorgang. Anhand seiner im Labor gewonnenen Ergebnisse unterteilt er den Abtrocknungsvorgang in vier Phasen. In der wenige Minuten langen ersten Phase steigt der sehr kleine Leuchtdichtekoeffizient der noch sehr nassen Fahbahnoberfläche stark an. Danach wird der Anstieg für einen längeren Zeitraum deutlich schwächer bis er kurz vorm endgültigen Abtrocknen der Probe in der dritten Phase wieder über eine kürzere Zeitdauer stark ansteigt. Als vierte Phase bezeichnet er die vollständig trockene Fahrbahnprobe, deren Leuchtdichtekoeffizient sich nicht mehr ändert.

Schmidt-Clausen und Schwenkschuster [BMV812] bestätigen nach ihren Untersuchungen zum einen qualitativ den Rückgang des Leuchtdichtekoeffizienten mit zunehmender Nässe der Fahrbahndeckschicht und geben dafür einen Faktor von bis zu zehn an.
In ihren Feldmessungen kommen Schmidt-Clausen und Schwenkschuster [BMV812] mit dem oben beschriebenen Verfahren zu dem Ergebnis, dass der Leuchtdichtekoeffizient für nasse Fahrbahnoberflächen insgesamt kleiner ist als für trockene Fahrbahnoberflächen. Überraschender ist

das Ergebnis, dass den Messwerten zufolge der Leuchtdichtekoeffizient mit der Entfernung ansteigt und in der maximal untersuchten Entfernung von 50 m fast den Wert der trockenen Fahrbahn erreicht. Im Vorfeld wird eine Verringerung des Leuchtdichtekoeffizienten bei Nässe bis Faktor 10 [BMV812, S. 30], maximal bis Faktor 20 [BMV812, S. 44] angegeben.

Hoffmann [Hof03, S. 75] findet in seinen Feldmessungen ebenfalls bei Nässe einen deutlich kleineren Leuchtdichtekoeffizienten q_r als bei Trockenheit. Auch er stellt einen mit der Entfernung kleiner werdenden Unterschied zwischen den jeweiligen Leuchtdichtekoeffizienten fest.

Arbeiten zur Vorwärtsreflexion trockener Fahrbahndeckschichten

Die bereits erwähnte Arbeit der TH Darmstadt [BMV699] untersucht mit der gleichen Messapparatur und der gleichen Geometrie, wie oben beschrieben (siehe Tabelle 3.3), auch die Vorwärtsreflexion von Fahrbahndeckschichten. Die Untersuchungen mit dem Gonioreflektometer entsprechen folglich einer realen Straßengeometrie mit Abständen zwischen Lichtquelle und Beobachter von 60 m, 100 m und 160 m. Der Einfluss des horizontalen Verdrehwinkels wird in dieser Arbeit nicht betrachtet. Es zeigt sich, dass sich der Leuchtdichtekoeffizient sowohl mit wachsendem Anleuchtwinkel als auch Beobachtungswinkel stark verringert. Aus denselben Untersuchungsergebnissen folgern Schmidt-Clausen und Schwenkschuster [BMV812, S. 23] später, dass sich der Leuchtdichtekoeffizient bei kleinen Anleuchtwinkeln am stärksten ändert. Allgemein ist zu sagen, dass die Absolutwerte des Leuchtdichtekoeffizienten generell deutlich größer sind als bei der Rückwärtsreflexion.

Rosenhahn [Ros99, S. 28 f.] führt eine Untersuchung der Abhängigkeit der Reflexionseigenschaften zweier Fahrbahnproben vom vertikalen Beobachtungswinkel durch. Hierbei beträgt der horizontale Winkelversatz 0° und der vertikale Anleuchtwinkel 4°. Bei diesen Messungen findet er kein eindeutiges Maximum. Den größten Leuchtdichtekoeffizienten misst er bei dem ihm kleinsten realisierbaren Beobachtungswinkel. Generell quantifiziert er den Unterschied des Leuchtdichtekoeffizienten für Vorwärtsreflexion zu dem für Rückwärtsreflexion mit etwa einer Dekade.

Schmidt-Clausen und Schwenkschuster [BMV812, S. 24 f.] bilden im Labor eine typische Kfz-Geometrie im Maßstab 1:10 nach. Als Originalmaße nehmen sie hierbei eine Scheinwerferanbauhöhe von 0,65 m, eine Beobachterhöhe von 1,2 m und einen Abstand SW-Beobachter von 50 m an. Die zu untersuchenden Proben verschieben sie zwischen Beobachter und Lichtquelle, um den entsprechenden Leuchtdichtekoeffizienten zu erfassen. Sie weisen ebenfalls ein Maximum des Leuchtdichtekoeffizienten nach, das sich bei deutlich steileren Anstrahlwinkeln befindet, als durch das Reflexionsgesetz zu erwarten wäre.

Hoffmann [Hof03] findet anhand seiner Labormessungen (Parameter, siehe Tabelle 3.3) ein eindeutiges Maximum bei $\alpha_o < \alpha_i$. Wambsganß [Wam96] betrachtet im Feld den Leuchtdichtekoeffizienten, der sich bei einer Scheinwerferanbauhöhe $h_i = 0,65$ m und einer Beobachterhöhe $h_o = 1,2$ m auf der Verbindungslinie des Kfz-Scheinwerfers zum 50 m entfernten Gegenverkehr ergeben würde. Er findet ein deutliches Maximum, welches aber nicht in der Entfernung, die

3.4. KFZ-SCHEINWERFERBELEUCHTUNG

man nach dem Reflexionsgesetz erwarten würde, liegt. Es befindet sich vielmehr in Richtung Scheinwerfer, d.h. bei steileren Lichteinfallswinkeln, als erwartet.

Hoffmann bestätigt seine im Labor gewonnenen Ergebnisse im Feld [Hof03, S. 75], wo er das Maximum des Leuchtdichtekoeffizienten auch in 40 m Entfernung unmittelbar vor dem Scheinwerfer misst.

Arbeiten zur Vorwärtsreflexion nasser Fahrbahndeckschichten

Rosenhahn [Ros99, S. 28 f] untersucht bei einem horizontalen Winkelversatz von 0° und einem vertikalen Anleuchtwinkel von 4° anhand zweier nasser Fahrbahnproben ihr Reflexionsverhalten in Abhängigkeit vom Beobachtungswinkel. Hierbei stellt sich ein eindeutiges Maximum ein. Dieses befindet sich jedoch nicht erwartungsgemäß bei $\alpha_o = \alpha_i$, sondern bei $\alpha_o > \alpha_i$. Er quantifiziert den Unterschied des Leuchtdichtekoeffizienten für Vorwärtsreflexion zu Rückwärtsreflexion für nasse Fahrbahnproben mit drei Größenordnungen.

Schmidt-Clausen und Schwenkschuster [BMV812] bilden im Labor eine typische Kfz-Geometrie (SW-Anbauhöhe $h_i = 0{,}65\,\text{m}$, Beobachterhöhe $h_o = 1{,}2\,\text{m}$, Abstand SW-Beobachter $= 50\,\text{m}$) im Maßstab 1:10 nach. Die zu untersuchenden nassen Proben verschieben sie zwischen Beobachter und Lichtquelle, um die Leuchtdichtekoeffizienten für die entsprechenden Winkelkombinationen zu erfassen. Sie kommen zum Ergebnis, dass der Leuchtdichtekoeffizient der nassen Probe bis zu einem Faktor von 100 über dem der trockenen Probe liegt. Weiterhin weisen die Leuchtdichtekoeffizienten ein Maximum auf, das sich mit zunehmender Nässe von der Anleuchtung weg in Richtung Beobachter verschiebt [BMV812, S. 24 f.].

Hoffmann weist in seinen Laboruntersuchungen [Hof03, S. 72] ebenfalls nach, dass der Leuchtdichtekoeffizient für nasse Fahrbahnproben deutlich ansteigt. Weiterhin findet er heraus, dass bei konstantem Anleuchtwinkel α_i der Beobachtungswinkel α_o des maximalen Leuchtdichtekoeffizienten q_r im feuchten Zustand größer ist als im trockenen. Dies bedeutet, dass sich das Maximum von q_r mit zunehmender Nässe zum Beobachter hin bewegt, was mit den vorher erläuterten Ergebnissen übereinstimmt. Jedoch sind die Ergebnisse schwer vergleichbar, da die Winkel bei Hoffmann systematisch einzeln und bei Schmidt-Clausen und Schwenkschuster je nach Entfernung immer Anleucht- und Beobachtungswinkel gleichzeitig variiert werden. Hoffmann beschreibt zudem, dass bei steigendem horizontalen Winkelversatz $\Delta\delta$ sich das Maximum zu noch größeren Beobachtungswinkeln α_o hin verschiebt.

In ihren oben erläuterten Feldmessungen stellen Schmidt-Clausen und Schwenkschuster [BMV812] auch bei Nässe ein eindeutiges Maximum zwischen Beobachter und Scheinwerfer fest. Im Gegensatz zu den Trockenmessungen befindet sich dieses aber näher am Beobachter. Zwischen den jeweiligen Maxima stellen sie maximal einen Faktor 1000 fest [BMV812, S. 44]

Hoffmann [Hof03] identifiziert im Gegensatz zu seinen Vorgängern bei seinen Messungen auf der realen nassen Fahrbahnoberfläche den maximalen Leuchtdichtekoeffizienten in der Entfernung, in der der Anleuchtwinkel dem Reflexionswinkel entspricht. Aber auch er stellt fest, dass sich der maximale Leuchtdichtekoeffizient um so weiter in Richtung Anleuchtung verschiebt je trockener die Fahrbahnoberfläche ist. Weiterhin berichtet er, dass der Leuchtdichtekoeffizient für Vorwärtsreflexion bei $\Delta\delta = 0°$ zwar bei Nässe viel größer ist als bei Trockenheit, sich das Verhältnis mit zunehmendem horizontalen Versatzwinkel $\Delta\delta$ aber schnell umkehrt [Hof03, S. 76].

3.5 Abschließende Diskussion

Zur Messung mit Fahrbahnproben

Generell unterscheiden sich die meisten Untersuchungen darin, ob sie im Feld oder anhand von Laborproben durchgeführt wurden. Hinsichtlich Reproduzierbarkeit und Vergleichbarkeit spricht vieles für eine Messung im Labor. Denn dort können stabilere Bedingungen (beispielsweise Temperatur, Luftfeuchte) gewährleistet werden. Auch kann aufgrund der weniger starken zeitlichen Beschränktheit und des dauerhaften Aufbaus viel mehr Aufwand in die Justage der Messgeräte investiert werden. Die meisten Untersuchungen zu Reflexionseigenschaften von Fahrbahndeckschichten fanden deshalb auch an Bohrkernen im Labor statt. Labormessungen haben aber auch Nachteile. Zu nennen ist hierbei als erstes, dass eine Bohrkernentnahme keine zerstörungsfreie Methode darstellt und immer Schäden in der jeweiligen Fahrbahndecke hinterlässt. Auch ist so eine Messung der Eigenschaften in Abhängigkeit vom Nutzungsgrad schwierig, weil ein einmal entnommener Bohrkern nach der Messung nicht einfach in die Fahrbahn zurückgesetzt und ein paar Monate später wieder entnommen werden kann. Desweiteren ist eine Fahrbahndeckschicht in den meisten Fällen nicht perfekt homogen. Somit bestehen Zweifel, inwieweit eine Probe mit 15 cm Durchmesser für die gesamte Fahrbahn repräsentativ ist. Auch hinsichtlich der Probenvorbereitung bestehen viele Vorbehalte, inwiefern sie das Reflexionsverhalten der Probe beeinflusst. Ein weiterer Punkt ist, dass die Proben zwar unter den entsprechenden Winkeln vermessen werden, aber nicht in den real vorliegenden Abständen. Dies wird durch eine maßstabsgetreue Verkleinerung der Verhältnisse realisiert. Dabei ist zu bedenken, dass die Textur der Probe aber nicht im theoretisch notwendigen Maßstab vorliegt. Aufgrund all dieser Nachteile und der zusätzlichen Schwierigkeit, die kleine Anstrahlwinkel mit sich bringen, soll das im folgenden Kapitel 4 vorgestellte Messprinzip zur Feldmessung zur Anwendung kommen.

Ableitung der Relevanz dieser Arbeit aus der derzeitigen Forschungslage

Die überwiegende Anzahl der Studien zu Reflexionseigenschaften von Fahrbahndeckschichten beziehen sich auf die ortsfeste Straßenbeleuchtung. Aufgrund der verschiedenen Anleuchtgeometrien sind sie nicht auf die automobile Lichttechnik anwendbar. Die meisten vorliegenden Untersuchungen zur Kfz-Beleuchtung haben die Rückwärtsreflexion von Fahrbahndeckschichten zum Thema. Leider kommen sie teilweise zu widersprüchlichen Ergebnissen, die in der Mehrzahl kritisch diskutiert werden. Für den Bereich Vorwärtsreflexion deckt die deutlich kleinere Anzahl

3.5. ABSCHLIESSENDE DISKUSSION

vorhandener Untersuchungen nur diskrete Situationen mit Messergebnissen ab. Deshalb sind sie einerseits sehr schwer miteinander vergleichbar und andererseits nur eingeschränkt auf die reale Situation übertragbar. Da es an einem Modell zur Beschreibung der Vorwärtsreflexion zur Leuchtdichteberechnung mangelt, wird in den meisten Fällen zur Bewertung der Sichtbarkeit von Objekten nur das direkt vom Scheinwerfer auf das entsprechende Hindernis treffende Licht berücksichtigt. Das indirekt über die Straße reflektierte Licht wird folglich vernachlässigt. Bei Vergleichen von simulierten mit gemessenen Leuchtdichten fällt immer wieder auf, dass diese Nichtberücksichtigung der über die Straße nach vorn reflektierten Leuchtdichten zu massiven Fehleinschätzungen der Sichtbedingungen führt. Gerade hinter der HDG, wo kaum noch direktes Licht auf Sehobjekte trifft, ist der Einfluss des indirekten Lichtes von Bedeutung [Kle08]. Hier Abhilfe zu schaffen, ist ein Ziel dieser Arbeit.

Von den vorgestellten Untersuchungen liefert keine ein geschlossenes und schlüssiges Modell der Reflexionseigenschaften von Fahrbahndeckschichten, mit dem eine realistische Leuchtdichtesimulation für kleine Anstrahlwinkel möglich ist. Aufgrund der Unsicherheit, wie man das Reflexionsverhalten möglichst richtig beschreibt, beruhen auch sehr aktuelle Scheinwerferbewertungssysteme [CIE10, MKKS07, SF09] auf Beleuchtungsstärken und nicht auf Leuchtdichten. Da aber hinreichend bekannt ist, dass alle leuchtdichtebasierten Gütemerkmale viel stärker mit der Wahrnehmung des Fahrers korrelieren [DKSS91, S. 9], besteht der Wunsch nach einer geeigneten Grundlage zur Leuchtdichtesimulation für kleine Anstrahlwinkel. Deshalb soll aus den im Kapitel 4 vorgestellten Messergebnissen in Kapitel 6 ein Reflexionsmodell für eine möglichst korrekte Leuchtdichtesimulation abgeleitet werden.

Kapitel 4

Bestimmung des Leuchtdichtekoeffizienten

Dieses Kapitel beschreibt zunächst alle wesentlichen Festlegungen, die für die in dieser Arbeit untersuchte Kfz-Geometrie gelten sollen. Im Anschluss werden aus Kapitel 3.4 Arbeitshypothesen abgeleitet, die anhand der nachstehend beschriebenen Messungen überprüft werden sollen. Abschnitt 4.2 erläutert das in Abschnitt 4.3 für trockene und in Abschnitt 4.4 für nasse und schneebedeckte Fahrbahnoberflächen angewandte Messverfahren für die Rückwärtsreflexion. Analog stellt Abschnitt 4.5 das Messprinzip für Vorwärtsreflexion dar, womit in der Folge Leuchtdichtekoeffizienten für trockene (Abschnitt 4.6) und nasse (Abschnitt 4.7) Fahrbahnoberflächen bestimmt werden. Nach jedem Abschnitt, der sich auf konkrete Messungen bezieht, werden die Ergebnisse anhand des in Kapitel 3.4 dargelegten Forschungsstands diskutiert. Den Abschluss des Kapitels bildet eine Bewertung der eingangs aufgestellten Arbeitshypothesen.

4.1 Festlegungen und Hypothesen

Untersuchte Kfz-Geometrie

Das Ziel dieser Arbeit ist, das Reflexionsverhalten für eine Kfz-typische Scheinwerfer-Beobachter-Geometrie zu bestimmen. Hierfür sollen als Standard folgende Variablen festgelegt sein, siehe Abbildung 4.1.

- Anbauhöhe Scheinwerfer $h_i = 0{,}65\,\text{m}$

- Beobachterhöhe $h_o = 1{,}2\,\text{m}$

- Longitudinaler Abstand Scheinwerfer-Beobachter für Rückwärtsreflexion $\Delta x = -2\,\text{m}$ und für Vorwärtsreflexion $25\,\text{m} \leq \Delta x \leq 100\,\text{m}$

- Lateraler Abstand Scheinwerfer-Beobachter für Rückwärtsreflexion $\Delta y = 0\,\text{m}$ (Standard), $\Delta y_{\text{rechts}} = -0{,}9\,\text{m}$ (Standardposition rechter Scheinwerfer) sowie $\Delta y_{\text{links}} = 0{,}3\,\text{m}$ (Standardposition linker Scheinwerfer) und für Vorwärtsreflexion $0\,\text{m} \leq \Delta y \leq 3\,\text{m}$

- Als Weltkoordinatenursprung des verwendeten kartesischen Weltkoordinatensystems ist in dieser Arbeit der Fußpunkt der Scheinwerferposition auf der Straßenoberfläche definiert.

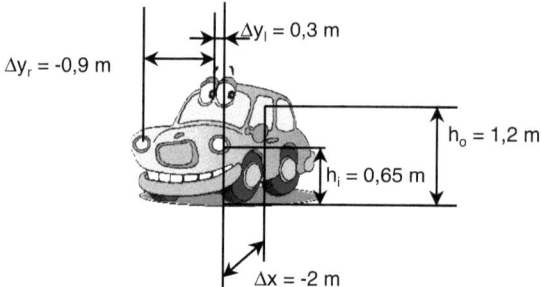

Abbildung 4.1: Abmessungen durchschnittlicher PKW, Bild aus [Web11]

Arbeitshypothesen

Ziel der in diesem Kapitel erläuterten Messungen ist es, den Leuchtdichtekoeffizienten q_r in Abhängigkeit von der Position des Scheinwerfers bzw. des Beobachterauges, wie sie im realen Anwendungsfall der Fahrzeugbeleuchtung vorkommen, zu beschreiben. Folgende aus Kapitel 3 abgeleitete Thesen sollen im weiteren Verlauf auf ihre Richtigkeit untersucht werden.

Entfernung S_x[1] bei RR: Bei oben festgelegter Einstrahl- und Beobachtungsgeometrie verhält sich der Leuchtdichtekoeffizient über die Entfernung konstant.

Lateraler Abstand zwischen Lichtquelle und Beobachter Δy RR: Wird der laterale Abstand zwischen Lichtquelle und Beobachter kleiner, vergrößert sich der Leuchtdichtekoeffizient. Dies hätte zur Folge, dass Beleuchtungsstärken in der Simulation des näher am Beobachter liegenden linken Scheinwerfers mit einem größeren Leuchtdichtekoeffizienten bewertet werden müssten als die des rechten Scheinwerfers (Rechtsverkehr).

Longitudinaler Abstand zwischen Lichtquelle und Beobachter Δx VR: Auf der longitudinalen Abstandsachse zwischen Scheinwerfer und Beobachter ($S_y = 0$) bildet der Leuchtdichtekoeffizient ein Maximum aus, dessen Lage aus vorhergehenden Untersuchungen von der Position des Spiegelwinkels aus Richtung Anleuchtung verschoben angenommen werden kann. Quantitativ wächst das Maximum mit größer werdendem longitudinalen Abstand zwischen Scheinwerfer und Beobachter.

S_y-Position[2] VR: Mit von der longitudinalen Abstandsachse zwischen Scheinwerfer und Beobachter ($S_y = 0$) abweichender , also größer werdender $|S_y|$-Position, verringert sich der Leuchtdichtekoeffizient deutlich.

Beobachterhöhe h_o RR und VR: Mit niedrigerer Beobachterhöhe h_o und sonst gleichen Bedingungen wird der Leuchtdichtekoeffizient größer.

RR und VR: Der Leuchtdichtekoeffizient q_r ist quantitativ für Rückwärtsreflexion deutlich kleiner als für Vorwärtsreflexion.

Die Reflexion von nassen Fahrbahnoberflächen unterscheidet sich im Wesentlichen von trockenen durch folgende Eigenschaften:

Rückwärtsreflexion: Der Leuchtdichtekoeffizient für Rückwärtsreflexion ist unter sonst identischen Bedingungen für nasse Oberflächen sehr viel kleiner als für trockene. Der Leuchtdichtekoeffizient der nassen Straßendeckschicht nimmt über die Entfernung im Gegensatz zur trockenen zu.

Vorwärtsreflexion: Der Leuchtdichtekoeffizient für Vorwärtsreflexion ist unter sonst identischen Bedingungen für nasse Oberflächen sehr viel größer als für trockene. Das auch hier ausgebildete Maximum verschiebt sich jedoch in Richtung der Position des Spiegelwinkels. Der Abfall des Leuchtdichtekoeffizienten mit zunehmender $|S_y|$-Position fällt sehr viel stärker aus als im trockenen Fall.

4.2 Rückwärtsreflexion Messprinzip

Die grundlegende Messidee besteht darin, die zur Berechnung des Leuchtdichtekoeffizienten q_r notwendigen Größen, Beleuchtungsstärke E_r und Leuchtdichte L, einzeln in zwei verschiedenen Messaufbauten zu bestimmen, siehe Abbildung 4.2[3]. Die Beleuchtungsstärke soll anhand der durch ein Kfz-Goniofotometer der Hella KGaA Hueck & Co. gemessenen winkelaufgelösten Lichtstärkeverteilung $I(\alpha_i, \delta_i)$ bestimmt werden und die Leuchtdichte anhand einer Leuchtdichtemesskamera der Firma TechnoTeam Bildverarbeitung GmbH. Detailliertere Beschreibungen sind im folgenden Abschnitt zu finden. Die Messfehler der Geräte sind im Kapitel 5 Fehlerbetrachtung enthalten.

Lichtstärkemessung mit einem Goniofotometer

Die winkelaufgelöste Lichtstärkemessung erfolgt mit einem Goniofotometer. Abbildung 4.3 zeigt dessen prinzipiellen Aufbau.
Wie jede gemessene lichttechnische Größe wird auch die der Lichtstärke auf eine Beleuchtungsstärkemessung zurückgeführt. In diesem Fall geschieht dies mit einem fest installierten Beleuchtungsstärkemesskopf. Der Scheinwerfer wird auf einem Goniometertisch befestigt, der derart ausgelegt ist, dass der Scheinwerfer um y- und z-Achse rotierbar ist. Der Scheinwerfer wird so positioniert, dass die Mitte der Lichtquelle sich in x-Richtung in 25 m Entfernung vom Beleuchtungsstärkemesskopf befindet und der Versatz auf y- und z-Achse 0 m beträgt. 10 m vor der Lichtquelle befindet sich ein Messschirm. An diesem wird die Nullposition des Neigungswinkels α_i um die y-Achse und die des Drehwinkels δ_i um die z-Achse des Scheinwerfers anhand der

---
[3]Alle im Rahmen dieser Arbeit gezeigten Leuchtdichte-, Beleuchtungsstärke- bzw. Leuchtdichtekoeffizientenbilder zeigen farblich kodierte Werte. Diese werden nur in einem bestimmten Bereich des Bildes angezeigt. Die Grenzen dieses Bereichs bilden die hierfür festgelegten Straßenkoordinaten und der Bereich auf der Straßenoberfläche, für den aus der Lichtstärkeverteilung Werte zur Berechnung der auftreffenden Beleuchtungsstärke vorliegen.

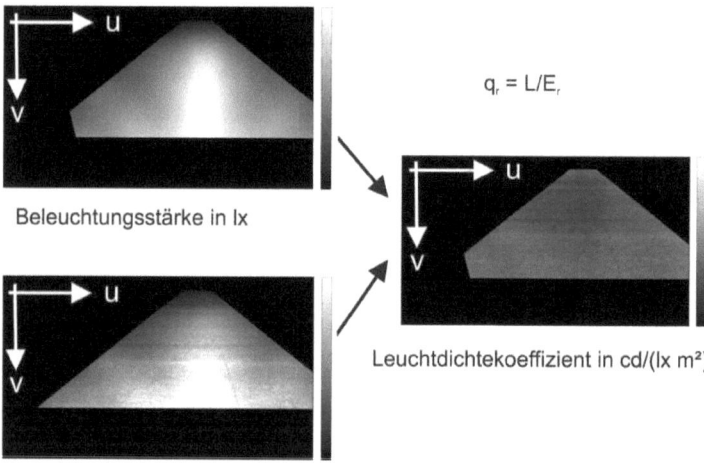

Abbildung 4.2: *Prinzip der Messung der Rückwärtsreflexion; Hinweis: Es ist jeweils immer nur der ausgewertete Bereich auf der Straßenoberfläche im Kamerakoordinatensystem (u,v) dargestellt.*

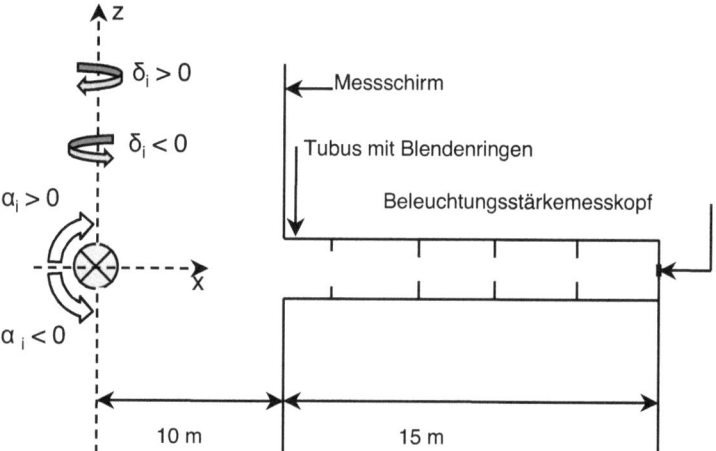

Abbildung 4.3: *Grundlegender Aufbau eines Kfz-Goniofotometers (Seitenansicht; Koordinatenursprung an der Position der Lichtquelle; die y-Achse verläuft senkrecht zur xz-Ebene)*

HDG des Abblendlichts eingestellt. Anschließend wird der Scheinwerfer systematisch um die beiden Achsen rotiert, so dass verschiedenen Richtungen (α_i, δ_i) Messwerte zugeordnet werden können. Hierbei ist $\alpha_i > 0$ eine Neigung nach oben, $\alpha_i < 0$ eine Neigung nach unten, $\delta_i < 0$ eine Drehung nach rechts und $\delta_i > 0$ eine Drehung nach links. Es werden Messwerte in 0,02°-Abstand von vertikal -5° bis 1° und horizontal von +10° bis -10° erfasst.

4.2. RÜCKWÄRTSREFLEXION MESSPRINZIP

Im Messschirm befindet sich mittig ein Loch, durch das das Licht durch einen Tubus mit Blendenringen zum Empfänger gelangt, siehe Abbildung 4.3. Dieser 15 m lange Tubus hat zwei Funktionen. Zum einen definiert und begrenzt er den Raumwinkel Ω_{Tubus} und zum anderen stellt er sicher, dass nur direktes Licht und kein Streulicht zum Beleuchtungsstärkemesskopf gelangt. Da die Ausdehnung der Lichtaustrittsfläche des Scheinwerfers klein gegenüber dem Messabstand d ist, kann das fotometrische Entfernungsgesetz angewandt werden. Die gemessene Beleuchtungsstärke $E_{\text{r,mess}}$ wird mit Hilfe dieses Gesetzes in die gesuchte Lichtstärke I umgerechnet und der jeweiligen mit dem Goniometertisch eingestellten Richtung (α_i, δ_i) zugeordnet.

$$I(\alpha_i, \delta_i) \approx E_{\text{mess}} \cdot d^2 \quad \text{mit } d = 25\,\text{m} \tag{4.1}$$

Leuchtdichtemessung mit einer Leuchtdichtemesskamera

Auf der zu vermessenden Fahrbahnoberfläche wird der Scheinwerfer aufgestellt und an einem äquivalenten Messschirm in 10 m Entfernung, genau so wie auch im Goniofotometer, ausgerichtet. Der Scheinwerfer befindet sich an seiner realen Position, in einer Höhe h_i von 0,65 m und einem entsprechenden seitlichen Versatz Δy zur Leuchtdichtekamera. Aus der Höhe des durchschnittlichen Fahrerauges $h_o = 1{,}20\,\text{m}$ und $\Delta x = -2\,\text{m}$ hinter dem Scheinwerfer wird mit der Kamera ein Leuchtdichtebild aufgenommen, siehe Abbildung 4.4.

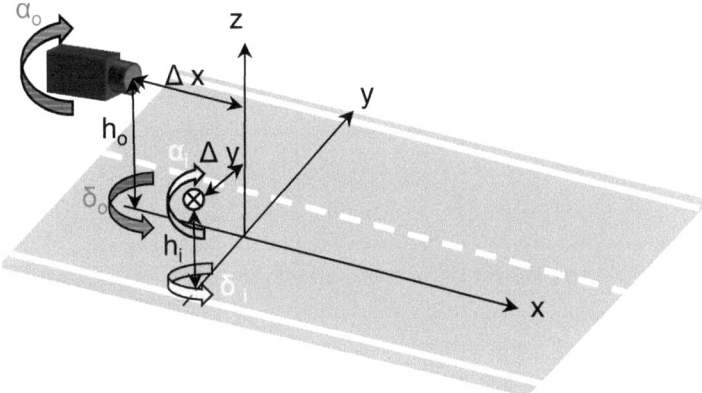

Abbildung 4.4: Versuchsaufbau mit Beobachtungswinkeln der Kamera (α_o, δ_o), Anleuchtwinkeln des Scheinwerfers (α_i, δ_i) und Weltkoordinatensystem (x, y, z)

Somit liegt pro Bildpunkt (u, v) im Kamerakoordinatensystem jeweils eine Leuchtdichte $L(u, v)$ vor, siehe Abbildung 4.2 links unten. Das Objektiv der Leuchtdichtekamera wird derart gewählt, dass es mit einer Winkelauflösung von etwa einer Bogenminute der Sehschärfe eines sehr gut sichtigen Menschen entspricht. Des Weiteren berücksichtigt es einen für den typischen Autofahrer relevanten Feldwinkel von horizontal 20° und vertikal 15°.

Zuordnung der Messwerte

Die in diesem Abschnitt erläuterten notwendigen Berechnungschritte, um die Messwerte einander zuzuordnen, sind in Tabelle A.2 als Übersicht veranschaulicht.[4]
Für das in Kamerakoordinaten vorliegende Leuchtdichtebild $L(u,v)$ ist die Kameraposition $\overrightarrow{0Kam}$ bekannt. Die Beobachtungswinkel des Horizontpunkts werden mit $\alpha_{\text{o,Horizont}} = \delta_{\text{o,Horizont}} = 0°$ definiert. Des Weiteren wird ein Kalibrierbild mit Sehzeichen, deren Orte auf der Straße $\overrightarrow{0S_1}$ bzw. $\overrightarrow{0S_2}$ genau bekannt sind, erstellt. Mit diesen Daten ist es möglich, den vertikalen $\alpha_{\text{o}}(u,v)$ und horizontalen Beobachtungswinkel $\delta_{\text{o}}(u,v)$ sowie den Ort auf der Straßenoberfläche $\overrightarrow{0S}(u,v)$ zu berechnen. Definitionsgemäß ist die z-Komponente der Straßenoberfläche Null.
Über die bekannten Weltkoordinaten der Scheinwerferposition $\overrightarrow{0SW}$ werden die Ortsvektoren vom Scheinwerfer zum jeweiligen Messpunkt auf der Straßenoberfläche $\overrightarrow{SWS}(u,v)$ bestimmt. Aus deren kartesischen Komponenten wird die Einstrahlrichtung je Bildpunkt ($\alpha_{\text{i}}(u,v)$, $\delta_{\text{i}}(u,v)$) mittels der Gleichungen 2.4 berechnet. Folglich kann der zugehörige Wert aus der Lichtstärkeverteilung $I(\alpha_{\text{i}}, \delta_{\text{i}})$ ermittelt und dem jeweiligen Bildpunkt $I(u,v)$ zugeordnet werden. Die Lichtstärke wird mithilfe des fotometrischen Entfernungsgesetzes, dessen Gültigkeit in Abschnitt 5.1 diskutiert wird, in die entsprechende radiale Beleuchtungsstärke $E_{\text{r}}(u,v)$ auf der Straßenoberfläche umgerechnet:

$$E_{\text{r}}(u,v) = \frac{I(u,v)}{d^2(u,v)} \quad (4.2)$$

Hierbei ist $d(u,v)$ der Betrag des Ortsvektors $\overrightarrow{SW}S(u,v)$. Somit liegen beide zur Bestimmung des Leuchtdichtekoeffizienten q_{r} notwendigen Größen derart in Matrizen vor, dass sie direkt miteinander verrechnet werden können und sich ein Leuchtdichtekoeffizientenbild $q_{\text{r}}(u,v)$ aus Sicht des Fahrers ergibt.

$$q_{\text{r}}(u,v) = \frac{L(u,v)}{E_{\text{r}}(u,v)} \quad (4.3)$$

Mit den bekannten Positionen ist der Leuchtdichtekoeffizient mithin sowohl in Abhängigkeit von den Winkeln $q_r(\alpha_{\text{i}}, \delta_{\text{i}}, \alpha_{\text{o}}, \delta_{\text{o}})$ als auch von der Position auf der Straße $q_{\text{r}}(S_{\text{x}}, S_{\text{y}}, S_{\text{z}})$ bekannt. Der Vorteil dieser Messidee besteht darin, dass durch die Messung unter Realbedingungen alle relevanten Winkelkombinationen mit einer Leuchtdichtemessung und mit einer Lichtstärkemessung erfasst werden können. Ferner liegen alle Eingangsgrößen im richtigen Maßstab vor und im Gegensatz zu Messungen an Proben kann die gesamte Fahrbahnoberfläche betrachtet werden, so dass auch Aussagen zur Homogenität möglich sind.
Da bei der Leuchtdichtemessung mit einem Scheinwerferpaar kein Rückschluss möglich wäre, welcher Teil der Leuchtdichte von welchem Scheinwerfer herrührt, werden alle Messungen mit einem einzelnen Scheinwerfer durchgeführt. Für den realen Fall eines Scheinwerferpaares

---

[4]Im folgenden enthalten alle Vektoren drei Elemente, die die Lage eines Punktes im Raum beschreiben. Werden Vektoren verwendet, die vom Ursprung ausgehen, wird ihnen in der Bezeichnung eine 0 voran gestellt, z.B. $\overrightarrow{0S_1}$ für den Ortsvektor vom Weltkoordinatenursprung zu Sehzeichen 1. Größen, die als gesamte Bildmatrix des Kamerakoordiantensystems (u,v) vorliegen, werden entsprechend gekennzeichnet, beispielsweise die Leuchtdichte $L(u,v)$. Folglich meint $\overrightarrow{0S}(u,v)$ eine Bildmatrix, in der jedes Pixel aus drei Elementen besteht, zum Beispiel kartesischen Koordinaten ($\vec{S}_{\text{x}}, \vec{S}_{\text{y}}, \vec{S}_{\text{z}}$).

4.2. RÜCKWÄRTSREFLEXION MESSPRINZIP

kann die Leuchtdichte wegen des Superpositionsprinzips jedoch für jeden Scheinwerfer einzeln berechnet und im Anschluss addiert werden.

Anforderungen an die Messlichtquelle

Die Anforderungen an die Messlichtquelle sind:

Exakte Justierung: Den Scheinwerfer auf der realen Fahrbahndeckschicht wieder genauso zu justieren wie im Goniofotometer, stellt die größte Messunsicherheit im ganzen Versuchsaufbau dar. Die Unsicherheit wird in diesem Versuchsaufbau, insbesondere durch eine mit einem speziellen Projektionsmodul erzeugte sehr scharfe HDG einer Abblendlichtverteilung, möglichst klein gehalten.

Licht in großen Entfernungen: Um auch Leuchtdichten aus großen Entfernungen messen und mit ihnen einen Leuchtdichtkoeffizienten bestimmen zu können, ist es wichtig, dass auch viel Licht in größere Entfernungen gelangt. Hierfür eignet sich eine Fernlichtlichtverteilung. Beide Vorteile, eine gute Justagemöglichkeit durch Abblendlicht und viel Licht in großen Entfernungen durch Fernlicht, lassen sich durch Verwendung eines sogenannten BiLux-Moduls vereinen. Deshalb wird ein solches in dieser Arbeit verwendet.

Spektrum: Die Forderung nach viel Licht in der Ferne spricht für ein GEL-Scheinwerfersystem, da diese deutlich höhere Lichtströme realisieren. Halogen-Scheinwerfer liegen wiederum deutlich näher am Kalibrierspektrum der Messgeräte und halten somit die Messunsicherheit klein. Aus diesem Grund wird ein Halogensystem verwendet. Dem geringeren Lichtstrom wird durch einen höheren Betriebsstrom entgegengewirkt.

Lichtkanal

Die meisten Messungen im Rahmen dieser Arbeit fanden im Lichtkanal statt. Der Lichtkanal der Hella KGaA Hueck & Co. ist eine Straße von 137 m Länge und 11 m Breite. Um von äußeren Einflüssen (Tageszeit, Störlichtquellen, Witterung, Verkehrsbelastung) unabhängige, konstante Versuchsbedingungen zu gewährleisten, befindet sich diese in einer überdachten Halle, siehe Abbildung 4.5. Das hat den Vorteil, dass jegliche Änderung der Messergebnisse auf den Versuchsaufbau und nicht auf eine eventuelle Änderung der Umgebungsbedingungen zurück zu führen ist. Es werden die Sichtverhältnisse bei völliger Dunkelheit simuliert. Die Straße ist asphaltiert und die Oberfläche ist mit einer Lackierung versehen, die das Erscheinungsbild einer befahrenen Bundesstraße erzeugt. Sie hat einen mittleren Leuchtdichtekoeffizienten q_0 von $0{,}07 \,\text{cd} \cdot (\text{lx} \cdot \text{m}^2)^{-1}$, siehe Gleichung 3.2 . Außerdem weist die Straße typische Seitenmarkierungs- und einen Mittelstreifen aus weißen retroreflektierenden Matten auf, die bei Bedarf entfernt werden können.

Abbildung 4.5: Lichtkanal

4.3 Rückwärtsreflexion auf trockenen Fahrbahnoberflächen

4.3.1 Messergebnisse Lichtkanal

Einfluss des lateralen Abstandes zwischen Lichtquelle und Beobachter Δy

Um den Einfluss des lateralen Versatzes zwischen Lichtquelle und Beobachter Δy zu untersuchen, wurde der Leuchtdichtekoeffizient für verschiedene Abstände Δy gemessen. $\Delta y < 0$ meint, der Beobachter befindet sich aus seiner Sicht links vom Scheinwerfer und $\Delta y > 0$ bedeutet folglich, dass sich der Beobachter aus seiner Sicht rechts vom Scheinwerfer befindet. In Tabelle A.3 im Anhang sind alle berechneten Leuchtdichtekoeffizientenbilder $q_r(u,v)$ sowie die zugehörigen Histogramme zusammengefasst. Aus den Bildern $q_r(u,v)$ geht hervor, dass sich der Leuchtdichtekoeffizient nicht systematisch in Abhängigkeit von der S_x- oder S_y-Richtung verändert, sondern Schwankungen seines Wertes eher auf Inhomogenitäten der Lichtkanalfahrbahndecke zurückzuführen sind. Für die folgenden Betrachtungen wurde ein Auswertebereich von $7,5\,\text{m} < S_x < 107,5\,\text{m}$ und $-1,75\,\text{m} < S_y < 1,75\,\text{m}$ berücksichtigt. In Abbildung 4.6 sind sowohl die Mittelwerte und Standardabweichungen (in hellgrau) als auch die Mediane mit jeweils unterem und oberen Quartil (in dunkelgrau) dieses Bereiches dargestellt. Es wird deutlich, dass sich ein Maximum des Leuchtdichtekoeffzienten bei $\Delta y = 0\,\text{m}$ einstellt und dieser zu beiden Seiten hin symmetrisch abfällt. Die durch Regression gefundene quadratische Beschreibungsgleichung

$$q_r = -0,0014 \frac{\text{cd}}{\text{lx}\cdot\text{m}^4} \cdot \Delta y^2 + 0,0144 \frac{\text{cd}}{\text{lx}\cdot\text{m}^2} \tag{4.4}$$

weist ein Bestimmtheitsmaß von $R^2 = 0,76$ auf. Durch die Beschreibung mit einem Polynom höherer Ordnung kann das Bestimmtheitsmaß nicht verbessert werden.

4.3. RÜCKWÄRTSREFLEXION AUF TROCKENEN FAHRBAHNOBERFLÄCHEN

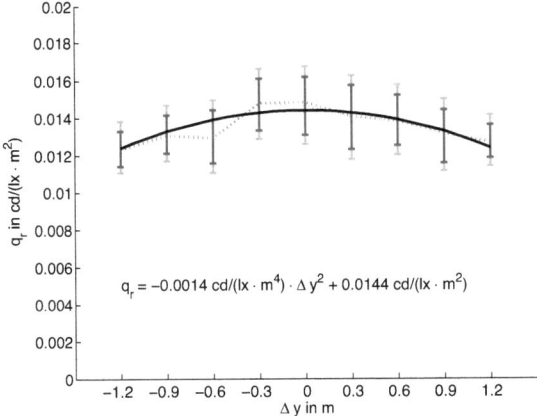

Abbildung 4.6: *Einfluss des lateralen Abstandes zwischen Lichtquelle und Beobachter Δy auf den Leuchtdichtekoeffizienten; hellgrau: Mittelwerte und Standardabweichungen; dunkelgrau: Mediane und Quartile, schwarz: durch Regression gefundene Funktion; Auswertebereich von $7,5\,\text{m} < S_x < 107,5\,\text{m}$ und $-1,75\,\text{m} < S_y < 1,75\,\text{m}$; $h_i = 0,65\,\text{m}$, $h_o = 1,2\,\text{m}$, $\Delta x = -2\,\text{m}$*

Gleiches Winkelverhältnis aber andere Absoluthöhe

In einem Teil der Literatur wird vereinbart, dass für die engen Grenzen einer Kfz-Geometrie, die Angabe eines Winkelverhältnisses zwischen Beobachtungs- und Anleuchtwinkel α_o/α_i ausreicht, um den Leuchtdichtekoeffizienten ausreichend zu beschreiben (beispielsweise [CIE01]). Deshalb ist eine weitere interessante Fragestellung, wie sich eine Maßstabsveränderung des Standardaufbaus bei gleichem Winkelverhältnis auswirkt. Hierfür wird das Winkelverhältnis des Standardaufbaus $\alpha_o/\alpha_i \approx 1,85$ beibehalten und und alle übrigen Größen bis auf den lateralen Versatz Δy um den Faktor 1,4 vergrößert. Der Faktor ergibt sich mit einer Scheinwerferanbauhöhe von $0,9\,\text{m}$. Abbildung 4.7 zeigt die resultierenden Leuchtdichtekoeffizienten in Abhängigkeit vom lateralen Versatz Δy, die detailliert zusätzlich in Tabelle A.4 des Anhangs aufgeführt sind. Im Mittel ist der Leuchtdichtekoeffizient für jede der untersuchten Positionen um 5% größer als der des Standardaufbaus. Des Weiteren zeigt sich, dass die Varianz der Messwerte über die gesamte Straßenoberfläche deutlich kleiner wird als bei einer Anbauhöhe von $0,65\,\text{m}$. Dies ist möglicherweise auf eine geringere Auswirkung von Inhomogenitäten der Straßendeckschicht bei größeren Anstrahlwinkeln zurück zu führen. Außerdem zeigt die durch Regression gefundene Beschreibungsfunktion

$$q_r = -0,0011 \frac{\text{cd}}{\text{lx} \cdot \text{m}^4} \cdot \Delta y^2 + 0,0148 \frac{\text{cd}}{\text{lx} \cdot \text{m}^2} \qquad (4.5)$$

mit $R^2 = 0,92$ ein deutlich höheres Bestimmtheitsmaß. Dies ist vielleicht mit einer geringeren Empfindlichkeit auf Einstellunsicherheiten bei größeren Anstrahlwinkeln zu erklären.

44 KAPITEL 4. BESTIMMUNG DES LEUCHTDICHTEKOEFFIZIENTEN

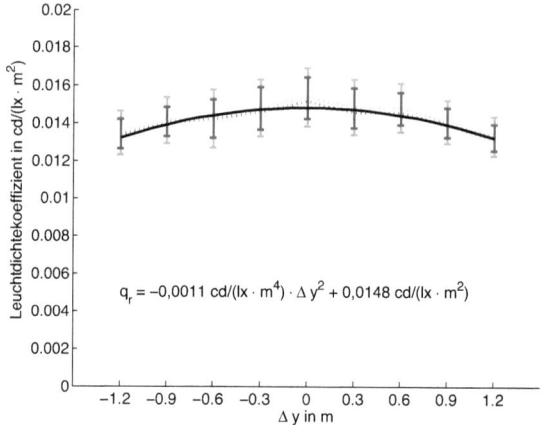

Abbildung 4.7: Einfluss des lateralen Abstandes zwischen Lichtquelle und Beobachter Δy auf den Leuchtdichtekoeffizienten; hellgrau: Mittelwerte und Standardabweichungen; dunkelgrau: Mediane und Quartile, schwarz: durch Regression gefundene Funktion ($R^2 = 0,92$); Auswertebereich $7,5\,\mathrm{m} < S_\mathrm{x} < 107,5\,\mathrm{m}$ und $-1,75\,\mathrm{m} < S_\mathrm{y} < 1,75\,\mathrm{m}$, $h_\mathrm{i} = 0,9\,\mathrm{m}$, $h_\mathrm{o} = 1,66\,\mathrm{m}$, $\Delta x = -2,76\,\mathrm{m}$

Einfluss Beobachterhöhe

In der Literatur gibt es Hinweise, dass sich die Beobachterhöhe bei sonst identischen Bedingungen kaum auf die vom Fahrer wahrgenommene Leuchtdichte auswirkt (beispielsweise [MKKS07, S. 9]). Um dies zu prüfen, wurde die Beobachterhöhe vom Standardwert aus um jeweils ±0,1 m variiert. Abbildung 4.8 zeigt, dass mit zunehmender Beobachterhöhe der Leuchtdichtekoeffizient sinkt. Die wahrgenommene Leuchtdichte ist bei sonst gleichen Bedingungen folglich kleiner. Den Messwerten zufolge resultiert eine Beobachterhöhe von 1,30 m in etwa 7 % weniger Leuchtdichte und eine Beobachterhöhe von 1,10 m in circa 15 % mehr Leuchtdichte.

Um einen Eindruck zu erhalten, wie sich die Leuchtdichteverhältnisse für einen LKW-Fahrer verhalten, wird zusätzlich eine Beobachterhöhe von 2,50 m untersucht. Sie ist nicht mit im Bild enthalten, weil zusätzlich alle anderen Parameter auch an einen typischen LKW angepasst werden ($h_\mathrm{i} = 0,76\,\mathrm{m}$, $\Delta y = 0\,\mathrm{m}$, $\Delta x = -1,20\,\mathrm{m}$). Dennoch ist das Ergebnis unerwartet. Denn der Leuchtdichtekoeffizient und mithin die den LKW-Fahrer erreichende Leuchtdichte halbiert sich in etwa ($q_\mathrm{r} = (0,007 \pm 0,001)\,\mathrm{cd}/(\mathrm{lx} \cdot \mathrm{m}^2)$).

Gültigkeit für andere Lichtquellen

Es wird überprüft, inwieweit das Verfahren auch für das Spektrum einer GEL als Lichtquelle und weniger genau justierbare Scheinwerfer ähnliche Werte ergibt. Dies ist wichtig, um Abweichungen, in der späteren praktischen Anwendung abschätzen zu können. Hierfür werden zwei GEL-Projektionssysteme, ein Halogen-Reflexionssystem und ein GEL-Reflexionssystem verwendet. Im Wesentlichen kann eine gute Übereinstimmung der mit den verschiedenen Schein-

4.3. RÜCKWÄRTSREFLEXION AUF TROCKENEN FAHRBAHNOBERFLÄCHEN

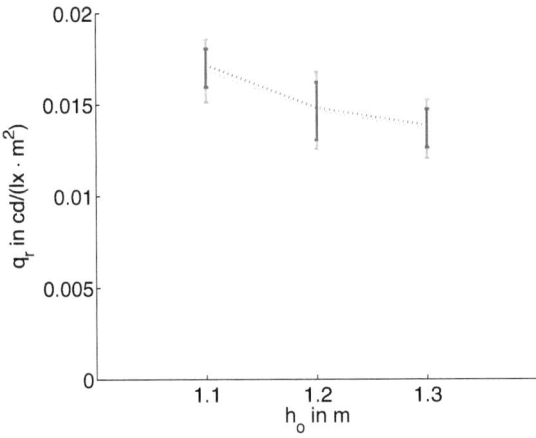

Abbildung 4.8: Einfluss der Beobachterhöhe h_o auf den Leuchtdichtekoeffizienten; hellgrau: Mittelwerte und Standardabweichungen; dunkelgrau: Mediane und Quartile; Auswertebereich $7,5\,\text{m} < S_\text{x} < 107,5\,\text{m}$ und $-1,75\,\text{m} < S_\text{y} < 1,75\,\text{m}$, $h_\text{i} = 0,65\,\text{m}$, $\Delta y = 0\,\text{m}$, $\Delta x = -2\,\text{m}$

werfersystemen gemessenen Leuchtdichtekoeffizienten festgestellt werden. Dies meint, im Mittel deutlich kleinere Abweichungen als $\pm 10\,\%$. Anzumerken ist, dass mit GEL-Projektionssystemen systematisch etwas höhere Leuchtdichtekoeffizienten gemessen werden. Dies könnte darauf zurück geführt werden, dass diese Systeme deutlich mehr Licht in die Breite bringen und der höhere Leuchtdichtekoeffizient auf einen nicht quantifizierbaren Messfehler durch von den Wänden auf die Straße reflektiertes Streulicht zu erklären ist, welches von den Seitenwänden auf die Straße zurück fällt. Dieses Streulicht wird in allen durchgeführten Versuchen durch mattschwarze Stellwände, die in regelmäßigen Abständen quer zu den mattschwarzen Seitenwänden als Blendfallen aufgestellt werden, zusätzlich vermindert. Bei den gerade zu den Seiten hin deutlich lichtstärkeren GEL-Projektionssystemen ist dies vermutlich nicht ausreichend.

Für die Reflexionssysteme mit sehr unscharfen HDGs ergeben sich stark schwankende Werte, die aber durch eine rechnerische Nachjustierung der Scheinwerfer behoben werden konnten. Folglich können auch hier Leuchtdichtekoeffizienten gefunden werden, die nahe an den mit dem Messscheinwerfer ermittelten lagen. Dies verdeutlicht, dass die grundlegende Bestimmung eines Leuchtdichtekoeffizienten einer Straßendeckschicht nur mit sehr genau justierbaren Lichtstärkeverteilungen geschehen sollte. Desweiteren wurde für die verschiedenen Scheinwerfersysteme stichprobenweise der Leuchtdichtekoeffizient anhand der Abblendlichtverteilung bestimmt. Dies hatte zur Folge, dass Bereiche hinter der HDG erwartungskonform unrealistische und stark rauschende Messergebnisse lieferten. Vor der HDG konnte aber eine gute Übereinstimmung der ermittelten Leuchtdichtekoeffizienten festgestellt werden.

4.3.2 Messergebnisse zweier anderer Fahrbahndeckschichten

Um die Vergleichbarkeit des Lichtkanals mit anderen Fahrbahndeckschichten zu überprüfen, werden ähnliche Messungen auf zwei weiteren Strecken durchgeführt, dem Flugfeld der Luftsportgemeinschaft Paderborn e.V. und der Regenstrecke der Hella KGaA Hueck & Co., Details siehe Tabelle A.5 im Anhang. Es werden keine weiteren Strecken untersucht, da es ausgesprochen schwierig ist, geeignete Strecken zu finden. Einerseits müssen diese wegen des hohen Zeitaufwandes für die Messungen einige Stunden ohne Verkehr und Störlichtquellen zur Verfügung stehen und andererseits muss es sich um eine mindestens 100 m lange gerade Strecke handeln.

Die grundlegenden im Lichtkanal gefundenen Tendenzen können auf den beiden ausgewählten Strecken reproduziert werden. Zum einen kann bei fester Scheinwerfer- und Kameraposition eine Unabhängigkeit des Leuchtdichtekoeffizienten vom betrachteten S_x- bzw. S_y-Verlauf der Straße festgestellt werden. Zum anderen findet sich auch hier bei in etwa $\Delta y = 0$ der größte Leuchtdichtekoeffizient, der mit Zunahme von Δy zu den Seiten hin abfällt. Exemplarisch zeigt Abbildung 4.9 die aufgenommen Daten für das Flugfeld in Paderborn.

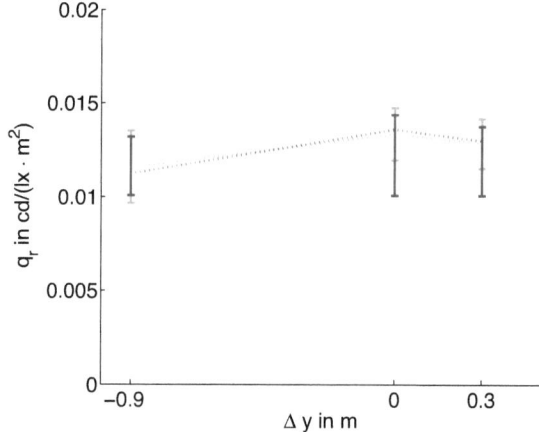

Abbildung 4.9: Leuchtdichtekoeffizienten der Fahrbahndeckschicht des Flugfeldes Haxterberg in Paderborn; hellgrau: Mittelwerte und Standardabweichungen; dunkelgrau: Mediane und Quartile; Auswertebereich $7,5\,\text{m} < S_x < 107,5\,\text{m}$ und $-1,75\,\text{m} < S_y < 1,75\,\text{m}$, $h_i = 0,65\,\text{m}$, $h_o = 1,20\,\text{m}$, $\Delta x = -2\,\text{m}$

4.3.3 Zwischenfazit

Die erste der aufgestellten Arbeitshypothesen besagt, dass der Leuchtdichtekoeffizient q_r unabhängig von der longitudinalen Entfernung S_x ist. Dies kann anhand der Messungen bestätigt werden. Einschränkungen hierfür sind, dass es sich um eine feste Einstrahl- und Beobachtungsgeometrie, die als Kfz-typisch bezeichnet werden kann, handelt und der Leuchtdichtekoeffizient erst ab etwa 10 m vor dem Fahrzeug betrachtet wird. Im Vergleich mit der Literatur scheint dieses Ergebnis zunächst nicht konform mit dem von Fleischer [Fle84] gefundenen Zusammenhang, dass der Leuchtdichtekoeffizient q mit Zunahme von S_x stark ansteigt. Berechnet man aus seinen für horizontale Beleuchtungsstärken bestimmten Leuchtdichtekoeffizienten q die hier verwendeten Leuchtdichtekoeffizienten $q_r = q \cdot \sin(\alpha_i)$, scheint der Verlauf des Leuchtdichtekoeffizienten q_r für die 20 Fahrbahnproben über die longitudinale Entfernung S_x nahezu konstant. Die Tendenz nach der Umrechnung weist eher ein schwach fallendes q_r mit der Entfernung S_x auf. Das Ergebnis der TH Darmstadt [BMV699], einer Unabhängigkeit des Leuchtdichtekoeffizienten q_r für die drei simulierten Messentfernungen S_x von 30 m, 50 m und 80 m, stimmt mit den hier dargestellten Messergebnissen überein. Der daraus in Gleichung 3.4 abgeleitete Zusammenhang bildet dies ebenfalls ab, da sich das Verhältnis von α_i/α_o ab einer Entfernung von 10 m unter Kfz-Geometrie nur noch marginal ändert. Auch das von Schmidt-Clausen und Schwenkschuster [BMV812] formulierte Ergebnis eines konstanten Leuchtdichtekoeffizienten in Entfernungen S_x von 5 m bis 50 m stützt die These. Einzig der von Hoffmann [Hof03] im Labor und im Feld gefundene Anstieg des Leuchtdichtekoeffizienten mit der Entfernung muss hier auf Grundlage der vorliegenden Untersuchung eindeutig zurück gewiesen werden. Ein linearer Anstieg scheint auch physikalisch weniger plausibel, weil sich die unabhängigen Variablen vertikaler Beobachtungs- und Anleuchtwinkel sowie horizontaler Winkelversatz in großen Entfernungen nur wenig verändern.

Die zweite These, die besagt, dass der Leuchtdichtekoeffizient mit zunehmenden Abstand über den lateralen Abstand zwischen Lichtquelle und Beobachter Δy sinkt, wird ebenfalls von den Messungen bestätigt. Hier ist es schwieriger, die Messungen in Zusammenhang mit den bisherigen Forschungsergebnissen zu bringen. Der Grund hierfür ist, dass die meisten Untersuchungen den Leuchtdichtekoeffizienten in Abhängigkeit vom horizontalen Winkelversatz $\Delta \delta$ charakterisieren, was physikalisch gesehen auch naheliegender ist. Diese Abhängigkeit wird in der Literatur im betrachteten Bereich als linear charakterisiert. Das hier gefundene Ergebnis soll dem nicht widersprechen, sondern die Simulation vereinfachen. Dies geschieht insofern, dass es für eine begrenzte, aber für viele Anwendungen ausreichende Genauigkeit genügt, global den horizontalen Versatz Δy in die Leuchtdichteberechnung eingehen zu lassen, anstatt lokal für jeden Bildpunkt $\Delta \delta$ und den zugehörigen Leuchtdichtekoeffizienten zu berechnen.

4.4 Einfluss Niederschlag auf die Rückwärtsreflexion

4.4.1 Rückwärtsreflexion Regen

Regenstrecke

Um den Einfluss von Feuchtigkeit auf die Reflexionseigenschaften von Fahrbahndeckschichten zu überprüfen, wurde die Regenstrecke der Hella KGaA Hueck & Co., wie sie in Abbildung 4.10 dargestellt ist, verwendet. Hierbei handelt es sich um eine asphaltierte Strecke, auf der eine Länge von etwa 100 m und eine Breite von circa 17 m künstlich beregnet werden kann. Jeweils 21 Regner pro Seite sind äquidistant über die Länge der Strecke verteilt.

Abbildung 4.10: Regenstrecke

Entwickung mittleres q über Abtrocknungzeit

Als Erstes wird eine Messung unter der Standardgeometrie ($h_i = 0,65$ m, $h_o = 1,2$ m, $\Delta x = -2$ m, $\Delta y = 0$ m) durchgeführt. Danach wird die Strecke über eine halbe Stunde beregnet und dann in zeitlich diskreten Abständen ihre Leuchtdichteverteilung über eine Abtrocknungszeit von 30 Minuten aufgenommen. Die Verteilung der Messwerte ist nach Ende der Beregnung deutlich linksschief, siehe Abbildung 4.11 rechts. Das bedeutet, dass die meisten Messwerte deutlich kleiner sind als der arithmetische Mittelwert. Deshalb werden nur Mediane und oberes und unteres Quartil dargestellt, siehe Abbildung 4.11 links.

Anhand der in Abbildung 4.11 links dargestellten Mediane ist deutlich zu erkennen, dass der Leuchtdichtekoeffizient nahezu linear mit der Abtrocknungszeit ansteigt. Der beobachtete Trocknungszeitraum von 30 Minuten reicht jedoch nicht aus, um die vollständige Abtrocknung abzuwarten.

Grundsätzlich ist anzumerken, dass das Messergebnis durch die sehr viel kleinere zum Fahrer zurück reflektierte Leuchtdichte im Fall einer nassen Straßendecke sehr viel störlichtempfindlicher ist. Hinter der 100 m langen Regenstrecke befindet sich nach circa 30 m Vegetation, die sehr wahrscheinlich Licht des Messscheinwerfers auf die hinteren Bereiche der 100 m langen Strecke zurückwirft. Um den Fehler möglichst gering zu halten, wird diese während der Messung mit schwarzem Tuch verhangen und nur ein Bereich von bis zu 35 m vor dem Scheinwerfer ausgewertet. Über diesen betrachteten Bereich kann für keine der Messungen eine systematische Veränderung des Leuchtdichtekoeffizienten in Abhängigkeit von den Straßenkoordinaten S_x und S_y nachgewiesen werden.

Die linksschiefe Verteilung der Histogramme in Abbildung 4.11 rechts kommt dadurch zustande, dass sich bei vollständiger Nässe der Fahrbahn die zum Fahrer reflektierte Leuchtdichte deutlich verringert (nach 0 min um einen Faktor von knapp 30 und nach 30 min um einen

4.4. EINFLUSS NIEDERSCHLAG AUF DIE RÜCKWÄRTSREFLEXION

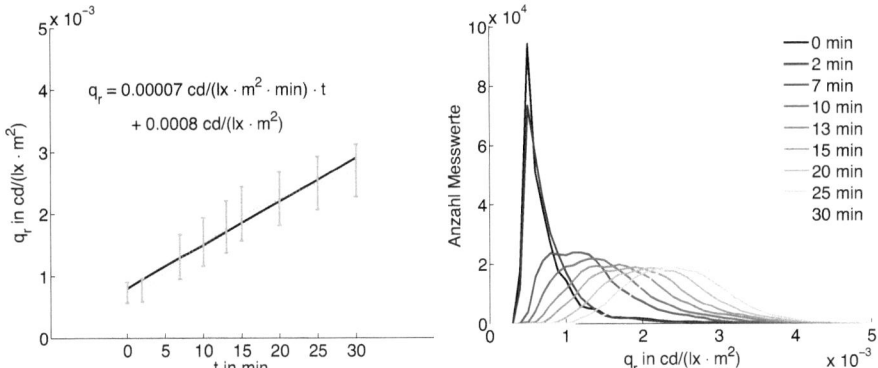

Abbildung 4.11: Entwicklung des Leuchtdichtekoeffizienten über die Abtrocknungszeit; links: hellgrau: Mediane und Quartile, schwarz: durch Regression gefundene Funktion ($R^2 = 0,97$); rechts: Entwicklung der Histogramme (Abgetragen sind die Anzahl der Pixel im Auswertebereich des Bildes, die den jeweiligen Wert des entsprechenden Leuchtdichtekoeffizienten aufweisen, $\Delta q = 0,0001\,\mathrm{cd}/(\mathrm{lx} \cdot \mathrm{m}^2)$) über die Abtrocknungszeit; Auswertebereich $7,5\,\mathrm{m} < S_\mathrm{x} < 35\,\mathrm{m}$ und $-1,75\,\mathrm{m} < S_\mathrm{y} < 1,75\,\mathrm{m}$, $h_\mathrm{i} = 0,65\,\mathrm{m}$, $h_\mathrm{o} = 1,2\,\mathrm{m}$, $\Delta x = -2\,\mathrm{m}$, $\Delta y = 0\,\mathrm{m}$

Faktor von etwa 6,5). Aber aufgrund der Oberflächenbeschaffenheit der Straße bilden sich einige helle Reflexstellen. Über den Abtrocknungszeitraum nähern sich die Werte wieder einer Normalverteilung an. Außerdem fällt auf, dass die Fahrbahndeckschicht aufgrund nicht perfekter Homogenität und Ebenheit ungleichmäßig abtrocknet. Wo die Struktur des Aphaltes etwas gröber ist, bilden sich beispielsweise etwas hellere Stellen. Grund hierfür ist, dass sich das Wasser während und nach der Beregnung überwiegend den günstigeren Weg über die glatteren anliegenden Bereiche sucht. Daraus resultieren lokal etwas unterschiedliche Abfließ- und Abtrocknungsgeschwindigkeiten. Während der Abtrocknungszeit werden zuerst die überdurchschnittlich weit herausragenden Splittanteile sichtbar, wodurch mehr Licht zum Beobachter zurück reflektiert wird.

Abbildung 4.12 stellt zusätzlich zu den unter Standardgeometrie und mit Fernlichtverteilung ermittelten Medianen und Quartilen, sowohl die unter Standardgeometrie und Abblendlicht als auch die mit Fernlicht für rechte und linke Scheinwerferposition ermittelten Werte dar.

Die durch Regression gefundenen Beschreibungsfunktionen in Abhängigkeit von der Abtrocknungszeit t in min mit den jeweiligen Bestimmtheitsmaßen R^2 sind:

$$q_\mathrm{FL,mitte}(t) = 0,00007\,\mathrm{cd}/(\mathrm{lx} \cdot \mathrm{m}^2 \cdot \mathrm{min}) \cdot t + 0,00008\,\mathrm{cd}/(\mathrm{lx} \cdot \mathrm{m}^2) \quad \text{mit} \quad R^2 = 0,97$$

$$q_\mathrm{FL,links}(t) = 0,00007\,\mathrm{cd}/(\mathrm{lx} \cdot \mathrm{m}^2 \cdot \mathrm{min}) \cdot t + 0,00006\,\mathrm{cd}/(\mathrm{lx} \cdot \mathrm{m}^2) \quad \text{mit} \quad R^2 = 0,99$$

$$q_\mathrm{FL,rechts}(t) = 0,00007\,\mathrm{cd}/(\mathrm{lx} \cdot \mathrm{m}^2 \cdot \mathrm{min}) \cdot t + 0,00007\,\mathrm{cd}/(\mathrm{lx} \cdot \mathrm{m}^2) \quad \text{mit} \quad R^2 = 0,98$$

$$q_\mathrm{AL,mitte}(t) = 0,00007\,\mathrm{cd}/(\mathrm{lx} \cdot \mathrm{m}^2 \cdot \mathrm{min}) \cdot t + 0,00006\,\mathrm{cd}/(\mathrm{lx} \cdot \mathrm{m}^2) \quad \text{mit} \quad R^2 = 0,99$$

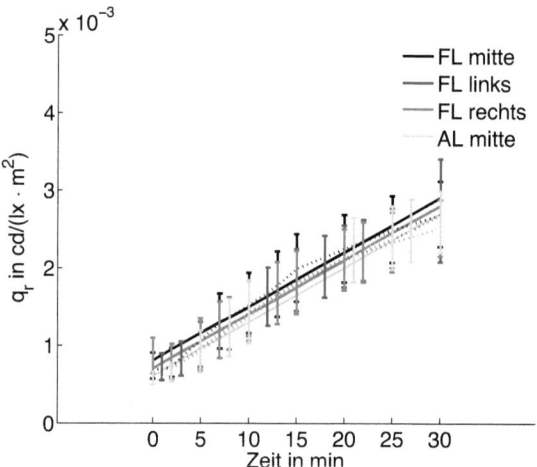

Abbildung 4.12: Entwicklung des Leuchtdichtekoeffizienten über die Abtrocknungszeit; die Fehlerbalken repräsentieren Median, sowie oberes und unteres Quartil; die Geraden sind die durch Regression gefundenen Beschreibungsfunktionen; Auswertebereich $7,5\,\text{m} < S_x < 90\,\text{m}$ und $-1,75\,\text{m} < S_y < 1,75\,\text{m}$, $h_i = 0,65\,\text{m}$, $h_o = 1,2\,\text{m}$, $\Delta x = -2\,\text{m}$, $\Delta y(\text{mitte}) = 0\,\text{m}$, $\Delta y(\text{links}) = 0,3\,\text{m}$, $\Delta y(\text{rechts}) = -0,9\,\text{m}$

Hierbei stellt die Verschiebungskonstante (Inhomogenität) der linearen Gleichung sozusagen den Startwert des Leuchtdichtekoeffizienten dieser Fahrbahndeckschicht nach Ende der 30-minütigen Beregnung dar. Der Anstieg der linearen Gleichung repräsentiert die Abtrocknungsgeschwindigkeit. Je höher dieser Faktor, desto schneller strebt der Wert des Leuchtdichtekoeffizienten gegen den der trockenen Fahrbahn. Dieser Faktor hängt, abgesehen von der Fahrbahnoberfläche selbst, maßgeblich von Umgebungsbedingungen, wie Temperatur und Luftfeuchte, ab. Die Umgebungsbedingungen werden im Rahmen dieser Arbeit wegen des hohen Aufwandes nicht systematisch variiert. Sie sollen hier lediglich zusätzlich angegeben werden. Die Umgebungstemperatur liegt für die Versuche zwischen 10°C und 12°C und die relative Luftfeuchte zwischen 71% und 76%. Extrapoliert man die gefundenen Beschreibungsfunktionen jedoch bis zum Wert des jeweiligen Leuchtdichtekoeffizienten für die trockene Fahrbahndeckschicht (siehe Tabelle A.5), ergibt sich ein Abtrocknungszeitraum von circa vier Stunden. Dies erscheint im Vergleich mit der Literatur realistisch. Berg und Wambsganß [Ber78, Wam96] kommen in ihren Laborversuchen bei deutlich höheren Temperaturen und niedrigeren Luftfeuchten auf Werte zwischen 2,5 und 3 Stunden. Ob der gefundene lineare Zusammenhang für andere Umgebungsbedingungen und Straßenoberflächen gültig ist, kann aufgrund des hohen Aufwandes im Rahmen dieser Arbeit nicht geprüft werden. Angemerkt sei jedoch, dass der Leuchtdichtekoeffizient wahrscheinlich nicht über den gesamten Abtrocknungszeitraum linear ansteigt. Um einen physikalisch plausiblen, stetigen Verlauf zu gewährleisten, müsste er theoretisch zum Ende des Abtrocknungszeitraums asymptotisch gegen den Wert für die trockene Fahrbahnoberfläche streben.

Obwohl das Bestimmtheitsmaß eine hohe Prädiktionsgüte suggeriert, fallen bei näherer Betrachtung Hinweise für einen nicht unerheblichen systematischen Messfehler ins Auge. Zum einen widerspricht es den aus den voraus gehenden Messergebnissen abgeleiteten Erwartungen, dass die Verschiebungskonstante der Gleichung für den linken Scheinwerfer kleiner ist als für den rechten Scheinwerfer. Zum anderen ist zu erwarten, dass mit der Abblendlichtverteilung der gleiche Leuchtdichtekoeffizient gemessen wird, wie für die Fernlichtverteilung. Entgegen dieser Erwartung liegt der Wert des gefundenen Leuchtdichtekoeffizienten für die Abblendlichtverteilung konstant um $0,0002\,\text{cd}/(\text{lx}\cdot\text{m}^2)$ niedriger. Dies entspricht im Extremfall der noch komplett nassen Fahrbahndeckschicht einer Abweichung von 25%. Die plausibelste Erklärung für diese über den Abtrocknungszeitraum konstante Abweichung liegt in dem systematischen Fehler durch von der Umgebung zurückgeworfenes Streulicht, dessen Anteil bei Fernlicht deutlich größer zu schätzen ist. Dieses Streulicht ist zwar zum einen ein störendes Artefakt des Messaufbaus. Zum anderen zeigt der hervorgerufene Fehler jedoch recht anschaulich, dass es zur Beurteilung der Wahrnehmungsbedingungen des Fahrers gerade bei Nässe nicht ausreichend ist, allein das von der Fahrbahn zurückgeworfene Licht zu beurteilen. Abschließend ist zu den Messungen zu sagen, dass das Abtrocknungsverhalten durch den Wert des Anstiegs der linearen Funktion für die betrachteten Umgebungsbedingungen sehr gut relativ beschrieben werden kann. Vorsichtig sollte man hingegen mit den gefundenen Absolutwerten umgehen, obwohl sie sicher ein guter Anhaltspunkt für die Auswirkung von Nässe auf das Leuchtdichteniveau sind.

4.4.2 Rückwärtsreflexion Schnee

Messungen mit realem Schnee sind leider in keiner Weise exakt reproduzierbar. Auch aus der Literatur sind keinerlei derartige Versuche bekannt. Einige Vermutungen geben Jebas et al. [JSK+08] an. Generell erwarten die Autoren aufgrund des hellen Schnees einen insgesamt höheren Reflexionsgrad, so dass sowohl mehr Licht nach vorn als auch zurück reflektiert wird. Des Weiteren gibt es Untersuchungen, die ein Absinken des diffusen Reflexionsgrades mit der Zunahme der Korngröße und des Flüssigwassergehalts in der Schneedecke von 0,9 auf 0,5 und weniger nachweisen [Sch08].

Da es witterungsbedingte Umstände im Rahmen der Arbeit ermöglichten, zu zwei Zeitpunkten die Leuchtdichtekoeffizienten einer schneebedeckten Fahrbahndeckschicht zu erfassen, sollen dennoch zumindest einige qualitative Tendenzen festgehalten werden. Die Messungen werden sowohl unter der Standardgeometrie ($h_{\text{SW}} = 0,65\,\text{m}$, $h_B = 1,2\,\text{m}$, $\Delta x = -2\,\text{m}$, $\Delta y = 0\,\text{m}$) als auch für die Position des rechten und linken Scheinwerfers durchgeführt. Auch hier ist keine Abhängigkeit des Leuchtdichtekoeffizienten von den Straßenkoordinaten S_{x} und S_{y} zu erkennen. Die Mittelwerte und Mediane sind in Abbildung 4.13 dargestellt.

Hierbei liegen die Mediane der ersten Messung unerwartet kaum über denen der trockenen dunklen asphaltierten Fahrbahn. Auffällig ist außerdem der große Unterschied der Absolutwerte. Bei der zweiten Messung (in Abbildung 4.13 hellgrau und mit M2 gekennzeichnet) wird ein etwa doppelt so hoher Leuchtdichtekoeffizient bestimmt, wie bei der ersten Messung (in Abbil-

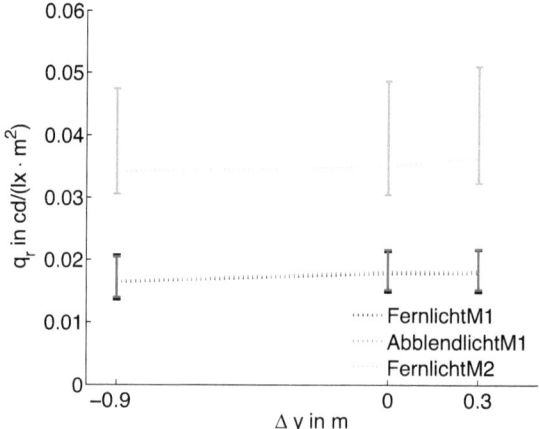

Abbildung 4.13: Leuchtdichtekoeffizienten für zwei verschiedene Schneedecken; Mediane und Quartile einer Schneedecke, schwarz: Schneedecke 1 gemessen mit einer Fernlichtverteilung, dunkelgrau: Schneedecke 1 gemessen mit einer Abblendlichtverteilung, hellgrau: Mediane und Quartile einer zweiten Schneedecke; Auswertebereich $12\,\text{m} < S_\text{x}(\text{Fernlicht}) < 90\,\text{m}, 12\,\text{m} < S_\text{x}(\text{Abblendlicht}) < 45\,\text{m}$, und $-1{,}75\,\text{m} < S_\text{y} < 1{,}75\,\text{m}$, $h_\text{i} = 0{,}65\,\text{m}$, $h_\text{o} = 1{,}2\,\text{m}$, $\Delta x = -2\,\text{m}$, $\Delta y = 0\,\text{m}$

dung 4.13 schwarz (FL) bzw. dunkelgrau (AL) und mit M1 gekennzeichnet). Eine Erklärung ist in den verschiedenen Zuständen des Schnees bedingt durch den Unterschied der jeweiligen Umgebungsbedingungen zu suchen. Messung 1 wurde bei einer angetauten Schneedecke (Temperaturen um 0°C, relative Luftfeuchte zwischen 72% und 78%), mehr als 24 Stunden nach dem letzten Schneefall durchgeführt. Bei der zweiten Messung betrug die Temperatur unter -10°C und die relative Luftfeuchte 67% bis 78%. Der letzte Schneefall lag etwa zwölf Stunden zurück. Wie es nach den Untersuchungen von Schuster [Sch08] zu erwarten war, sinkt also mit steigendem Flüssigwassergehalt in der angetauten Schneedecke auch im Rahmen der durchgeführten Messungen das Reflexionsvermögen, respektive der Leuchtdichtekoeffizient, der Schneedecke.

4.4.3 Zwischenfazit

Der in allen vorherigen Untersuchungen gefundene Rückgang des Leuchtdichtekoeffizienten q_r mit der Abtrocknungszeit kann anhand der durchgeführten Messungen bestätigt werden. Mit einem Faktor von 30 liegt der Rückgang des Leuchtdichtekoeffizienten etwas höher als bei bisherigen Untersuchungen. Jedoch sind die Versuchsbedingungen hinsichtlich das Ergebnis maßgeblich beeinflussender Umgebungsbedingungen, wie Temperatur und Luftfeuchte, sehr schwer vergleichbar. Der sowohl von Schmidt-Clausen und Schwenkschuster [BMV812] sowie von Hoffmann [Hof03] beobachtete Anstieg des Leuchtdichtekoeffizienten mit der Entfernung S_x kann anhand der Messungen nicht nachgewiesen werden. In der Tat steigen die gemessenen Leuchtdichtekoeffizienten mit der longitudinalen Straßenkoordinate zwar an, aber ein

Teil des Anstiegs ist in jedem Fall auf Streulicht in den ausgesprochen störlichtempfindlichen Messungen der kleinen Leuchdichtekoeffizientenwerte zurück zu führen. Leider besteht keine Möglicheit das Störlicht aus den Messwerten herauszurechnen. Für den Streckenabschnitt bis $S_x = 35$ m, in dem keine Hinweise auf vorhandenes Streulicht vorliegen, ist ein solcher Anstieg des Leuchtdichtekoeffizienten jedoch nicht zu finden.

4.5 Vorwärtsreflexion Messprinzip

Die grundlegende Messidee zur Erfassung der Vorwärtsreflexion ist die selbe wie die in Abschnitt 4.2 für Rückwärtsreflexion beschriebene. Abbildung 4.14 stellt analog zu Abbildung 4.2 den entscheidenden Berechnungsschritt für den Anwendungsfall der Vorwärtsreflexion dar.

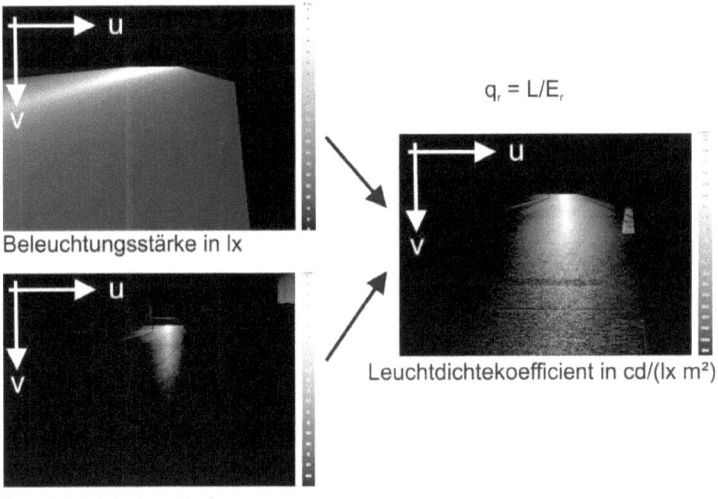

Abbildung 4.14: Prinzip der Messung der Vorwärtsreflexion; Hinweis: Es ist jeweils immer nur der ausgewertete Bereich auf der Straßenoberfläche im Kamerakoordinatensystem (u, v) dargestellt.

Der verwendete Messscheinwerfer und die für die Berechnung der radialen Beleuchtungsstärke zu Grunde liegende Lichtstärkeverteilung sind mit denen aus Abschnitt 4.2 identisch. Die resultierende Beleuchtungsstärkeverteilung ist aus Sicht des Gegenverkehrs in Abbildung 4.14 links oben dargestellt. Es ist deutlich zu erkennen, dass die Beleuchtungsstärke die Fahrspur des entgegen kommenden Verkehrs gut ausleuchtet.

Die Leuchtdichte, in Abbildung 4.14 links unten, wird mit derselben Leuchtdichtemesskamera wie zur Bestimmung der Rückwärtsreflexion aufgenommen. Im Wesentlichen unterscheidet sich die Leuchtdichteaufnahme durch die veränderte S_x-Position und die Veränderung des Drehwinkels von 180° auf 0°. Außerdem ist zu beachten, dass das Leuchtdichtebild bei diesem Aufbau das Bild der Lichtaustrittsfläche des entgegenkommenden Scheinwerfers direkt enthalten würde. Die auftretenden großen Leuchtdichten können beispielsweise durch sogenanntes Blooming große Messfehler in der CCD-basierten Kamera verursachen. Um diese Fehler zu vermeiden, wird eine mit lichtundurchlässigem schwarzen Stoff bespannte Wand in den direkten Strahlengang zwischen Scheinwerfer und Leuchtdichtekamera gestellt. Diese wird derart ausgerichtet, dass das von der Straße reflektierte Licht nicht abgeschattet wird. Schon im Leuchtdichtebild ist zu erkennen, dass die höchsten Beleuchtungsstärken nicht zwingend die höchsten Leuchtdichten erzeugen, wie es sich bei der Rückwärtsreflexion zeigte. Statt dessen befinden sich die höchsten Leuchtdichtewerte zum einen auf der Achse zwischen Scheinwerfer und Beobachter und zum anderen kurz vor dem Scheinwerfer, wo tatsächlich die höchsten Beleuchtungsstärken auftreffen.

Die Zuordnung der Wertepaare zur Berechnung des Leuchtdichtekoeffizienten erfolgt analog zu den in Abschnitt 4.2 beschriebenen Berechnungen. Im sich ergebenden Leuchtdichtekoeffizientenbild, in Abbildung 4.14 rechts dargestellt, ist nicht mehr zu erkennen, wo hohe Beleuchtungsstärken auftreffen, sondern ein Reflexstreifen, dessen laterales Maximum immer auf der Verbindungslinie zwischen Scheinwerfer und Beobachter liegt. Der folgende Abschnitt stellt die im Lichtkanal gewonnenen Messergebnisse zur Vorwärtsreflexion dar. Danach werden diese auf zwei anderen Strecken verifiziert. Abschließend werden die Reflexionseigenschaften für eine regennasse Fahrbahn untersucht.

4.6 Vorwärtsreflexion auf trockenen Fahrbahnoberflächen

4.6.1 Messergebnisse Lichtkanal

Auch für die Vorwärtsreflexion wird der grundlegende Teil der Messungen im Lichtkanal durchgeführt. Gründe hierfür sind zum einen die Konstanz der Umgebungsbedingungen und zum anderen die Möglichkeit der Messungen auch tagsüber. Im Wesentlichen soll das grundsätzliche Reflexionsverhalten und dessen Abhängigkeit sowohl von dem longitudinalen Abstand zwischen Lichtquelle und Beobachter als auch von der Höhe der Leuchtdichtemessposition bestimmt werden.

Einfluss longitudinaler Abstand zwischen Lichtquelle und Beobachter Δx

Zuerst werden Messungen durchgeführt, um einen Eindruck zu erlangen, wie viel Licht, zusätzlich zur direkt vom Scheinwerfer erzeugten Leuchtdichte, von der Fahrbahn in den Gegenverkehr reflektiert wird und möglicherweise den entgegenkommenden Fahrer blendet. Hierfür wird das Reflexionsverhalten in den Standardhöhen von Scheinwerfer $h_i = 0{,}65\,\mathrm{m}$ und Beobachter $h_o = 1{,}20\,\mathrm{m}$ für vier verschiedene longitudinale Abstände zwischen Beobachter und Lichtquelle untersucht, siehe Abbildung 4.15.

4.6. VORWÄRTSREFLEXION AUF TROCKENEN FAHRBAHNOBERFLÄCHEN

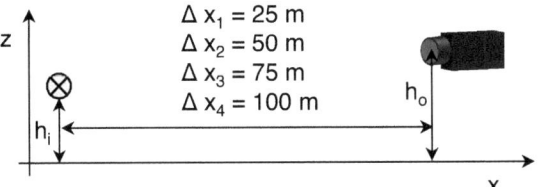

Abbildung 4.15: *Untersuchte longitudinale Abstände zwischen Lichtquelle und Empfänger Δx zur Bestimmung der Vorwärtsreflexion im Lichtkanal ($h_\mathrm{i} = 0,65\,\mathrm{m}$, $h_\mathrm{o} = 1,20\,\mathrm{m}$)*

Die Abbildung 4.16 stellt für die vier untersuchten Positionen jeweils das Maximum der Leuchtdichtekoeffizientenverteilung dar. Es wird deutlich, dass dieses mit zunehmendem longitudinalen Abstand zwischen Lichtquelle und Empfänger nahezu linear ansteigt. Die über nur vier Messwerte gefundene Beschreibungsgleichung weist ein außerordentlich hohes Bestimmtheitsmaß R^2 von 0.9985 auf.

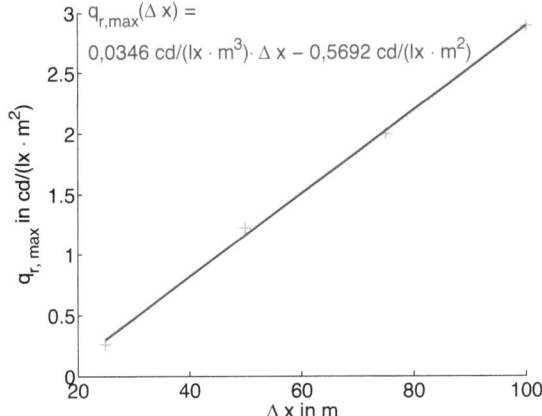

Abbildung 4.16: *Maximum des Leuchtdichtekoeffizienten bei Vorwärtsreflexion in Abhängigkeit vom longitudinalen Abstand zwischen Lichtquelle und Beobachter*

Das jeweilige Maximum befindet sich auf der longitudinalen Verbindungsachse zwischen Scheinwerfer und Empfänger. Eine Darstellung der zugehörigen Leuchtdichtekoeffizienten über den jeweiligen Schnitt vom Scheinwerfer entlang von S_x zum Empfänger bei $S_\mathrm{y} = 0\,\mathrm{m}$ findet sich in Abbildung 4.17 links. Es sind deutliche Unstetigkeiten im Verlauf zu erkennen, die auf Inhomogenitäten und Unebenheiten der Fahrbahndeckschicht im Lichtkanal zurückzuführen sind. Ein anschauliches Beispiel ist hier das lokale Minmum der q_r-Kurve für $\Delta x = 100\,\mathrm{m}$ bei einer Entfernung von knapp 50 m vom Scheinwerfer. Hier befindet sich eine baulich bedingte Aussparung der Asphaltdecke, in der sich eine Metallschiene befindet, die sich deutlich in den Messwerten widerspiegelt.

In den Bereichen, in denen die Kamera die Fahrbahndeckschicht sehr fein auflöst, können ein-

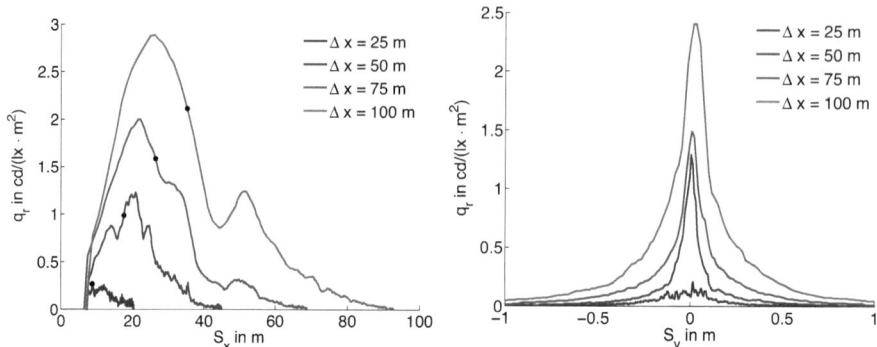

Abbildung 4.17: Links: Verlauf des Leuchtdichtekoeffizienten über die Entfernung zwischen Lichtquelle und Beobachter für verschiedene longitudinale Abstände Δx (Hinweis: die schwarzen Punkte markieren die S_x-Position, an der sich der Spiegelwinkel theoretisch nach dem Reflexionsgesetz befinden würde.), rechts: Verlauf des Leuchtdichtekoeffizienten über die S_y-Position für verschiedene longitudinale Abstände Δx jeweils als Schnitt durch die S_x-Position, an der sich der Spiegelwinkel theoretisch nach dem Reflexionsgesetz befinden würde

zelne Bildpunkte einzelne herausstehende Körner oder zwischen ihnen liegende Zwischenräume der Straßenoberfläche repräsentieren. Deshalb kann sich an der Pixelposition $S_y = 0$ m eine Art Loch der Asphalttextur befinden. Dies bedeutet, dass das globale Maximum des Leuchtdichtekoeffizienten auch wenige Pixel links bzw. wenige Pixel rechts der $S_y = 0$ m-Position liegen kann. Aus diesem Grund wird aus einer symmetrisch um die $S_y = 0$ m-Position liegenden horizontalen Pixelzeile von elf Pixeln Breite jeweils das Maximum gesucht und der jeweiligen S_x-Position zugeordnet. Je kleiner das von einem Leuchtdichtekamerapixel aufgelöste Straßenstück ist, desto höher ist die Gefahr der Messung einzelner Körner der Asphaltdecke (siehe Abschnitt 3.4) und desto stärker schwanken die Absolutwerte. Um auch longitudinal eine Bewertung einzelner Mineralstücke der Straßendecke zu vermeiden, werden die in den Zeilen gefundenen Maximalwerte mit einem elf Pixel großen Mittelwertfilter geglättet. Der erläuterte Zusammenhang ist folglich auch der Grund dafür, dass die jeweiligen q_r-Verläufe mit größer werdendem Δx grundsätzlich glatter erscheinen.

Weiterhin ist im linken Teil von Abbildung 4.17 zu erkennen, wie der Leuchtdichtekoeffizient für jeden Abstand Δx deutlich mit der Entfernung zur Lichtquelle S_x steigt. Die S_x-Position, an der nach dem Reflexionsgesetz das Maximum zu erwarten wäre, ist für jede Kurve mit einem schwarzen Punkt gekennzeichnet. Es ist zu sehen, dass die reale Position des Maximums in den meisten Fällen deutlich von der theoretischen abweicht. Allerdings ist diese Abweichung weder in Betrag noch Richtung systematisch. Grund hierfür ist vermutlich die nicht perfekt ebene Fahrbahndecke des Lichtkanals.

Im rechten Teil von Abbildung 4.17 ist der Verlauf des Leuchtdichtekoeffizienten über S_y an der jeweiligen Stelle S_x, die im linken Teil der Abbildung mit dem schwarzen Punkt gekennzeichnet ist, dargestellt. Dieser Schnitt wird hier und im Weiteren immer durch die S_x-Position des

4.6. VORWÄRTSREFLEXION AUF TROCKENEN FAHRBAHNOBERFLÄCHEN

theoretischen Spiegelwinkels gelegt, weil für die reale Position des Maximums keine schlüssige Beschreibung in Abhängigkeit von der Messgeometrie gefunden werden konnte. Aus bereits erläuterten Gründen werden diese Kurven mit einem Mittelwertfilter einer Pixelbreite von elf geglättet. Auch hier wird die starke Abhängigkeit zwischen q_r und Δx deutlich. Zudem verändert sich q_r zum einen sehr viel stärker mit der S_y-Position und zum anderen ist diese Veränderung erwartungsgemäß symmetrisch um $S_y = 0$.

Einfluss der Beobachterhöhe

Um die Sichtbarkeit von Hindernissen zu beurteilen, die im Verkehrsraum von Relevanz sind, ist auch eine Kenntnis des von der Straße reflektierten, indirekt auf die Objekte auftreffenden Lichts notwendig. Diese Objekte befinden sich meist in kleineren Höhen h_o über der Fahrbahndeckschicht, als die im vorherigen Abschnitt untersuchte. Um das Reflexionsverhalten auch für diese Situationen beschreiben zu können, werden deshalb zusätzlich zu den typischen Beobachterhöhen noch die in Tabelle 4.1 aufgeführten niedrigeren Leuchtdichtemesspositionen untersucht.

Δx in m	h_o in m
25	0,52 0,70 0,98 1,20
50	0,51 0,60 0,70 0,80 0,90 1,00 1,10 1,20
75	0,51 0,70 0,98 1,20
100	1,20

Tabelle 4.1: Untersuchte Beobachterhöhen

Die jeweiligen Maxima der Leuchtdichtekoeffizienten für die verschiedenen untersuchten Positionen sind in Abbildung 4.18 veranschaulicht. Zum einen bestätigt sich der gefundene Zusammenhang, dass q_r mit zunehmendem Abstand zwischen Lichtquelle und Kamera Δx ansteigt. Zum anderen wird deutlich, dass der Leuchtdichtekoeffizient mit steigender Beobachterhöhe sinkt.
Analog zu Abbildung 4.17 stellt Abbildung 4.19 Schnitte des Leuchtdichtekoeffizienten über die Straßenkoordinaten S_x und S_y repräsentativ für $\Delta x = 50$ m dar. Auch hier sind im linken Teil der Abbildung die durch Inhomogenitäten und Unebenheiten verursachten Unstetigkeiten im Verlauf zu erkennen. Diese Unstetigkeiten treten mit größer werdender Beobachterhöhe deutlicher hervor. Der Grund hierfür ist, dass der Absolutwert des Leuchtdichtekoeffizienten mit der Beobachterhöhe sinkt und damit das Verhältnis der Störgrößen zur Messgröße wächst. Auch bei diesen Untersuchungen schwankt die reale Position des Maximums stark und unsystematisch um die theoretisch erwartete Position.
Zusätzlich zu den hier gezeigten Beobachterhöhen wird für $\Delta x = 50$ m eine für LKW repräsentative Höhe von 2,50 m untersucht. Sie wird in die zuvor dargestellten Diagrammen nicht eingefügt, da die Werte nicht direkt miteinander vergleichbar sind. Der Grund hierfür ist, dass für diese Messungen die zugehörige Lichtpunkthöhe des Scheinwerfers h_i mit 0,76 m etwas höher

KAPITEL 4. BESTIMMUNG DES LEUCHTDICHTEKOEFFIZIENTEN

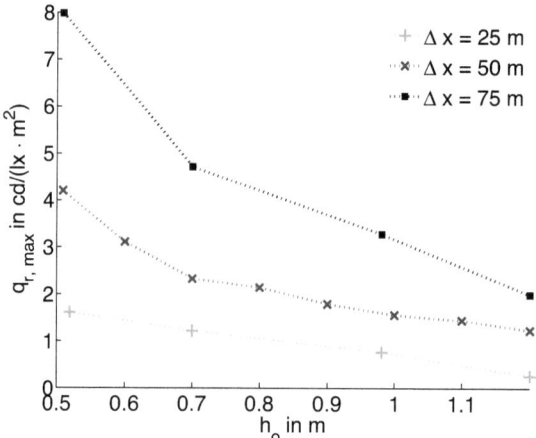

Abbildung 4.18: Maximum des Leuchtdichtekoeffizienten $q_{r,max}$ für Vorwärtsreflexion in Abhängigkeit von der Beobachterhöhe h_o für verschiedene longitudinale Abstände zwischen Lichtquelle und Beobachter Δx

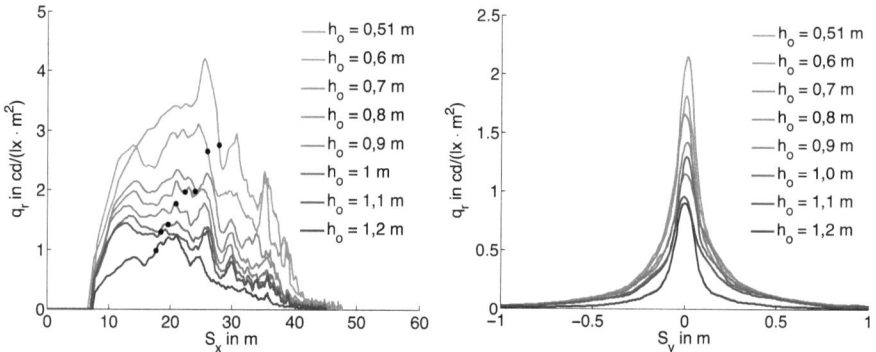

Abbildung 4.19: Links: Verlauf des Leuchtdichtekoeffizienten über die Entfernung (longitudinaler Abstand $\Delta x = 50\,m$) für verschiedene Beobachterhöhen (Hinweis: die schwarzen Punkte markieren die S_x-Position, an der sich der Spiegelwinkel theoretisch nach dem Reflexionsgesetz befinden würde.), rechts: Verlauf des Leuchtdichtekoeffizienten über die S_y-Position jeweils als Schnitt durch die S_x-Position, an der sich der Spiegelwinkel theoretisch nach dem Reflexionsgesetz befinden würde, für verschiedene Beobachterhöhen

ist als die Standardhöhe. Qualitativ weisen die Messergebnisse ähnliche Trends auf, liegen aber etwa bei der Hälfte der Absolutwerte für die Standardgeometrie.

Gültigkeit für andere Lichtquellen

Auch für die Vorwärtsreflexion im Lichtkanal wird getestet, inwiefern die Ergebnisse auch für andere Scheinwerferlichtverteilungen reproduzierbar sind. Hierfür kommen die schon bei der

4.6. VORWÄRTSREFLEXION AUF TROCKENEN FAHRBAHNOBERFLÄCHEN

Rückwärtsreflexion verwendeten beiden Projektionssysteme mit einer GEL als Lichtquelle zum Einsatz, sowie die beiden Reflexionssysteme in GEL- und Halogenausführung. Qualitativ kann für alle Scheinwerferlichtverteilungen das Reflexionsverhalten verifiziert werden. Quantitativ kommt es an einzelnen Orten jedoch zu erheblichen Unterschieden, da hier im Gegensatz zur Rückwärtsreflexion nicht ein Mittelwert über die gesamte Fahrbahnoberfläche gebildet wird, sondern jeder Messpunkt im Leuchtdichtekoeffizientenbild einzeln ausgewertet wird. Örtliche Unregelmäßigkeiten der Straßenoberfläche wirken sich sehr viel stärker auf einzeln betrachteten Messwerte für den Leuchtdichtekoeffizienten aus.

4.6.2 Messergebnisse zweier anderer Fahrbahndeckschichten

Auch für die Vorwärtsreflexion werden Untersuchungen auf dem Flugfeld der Luftsportgemeinschaft Paderborn e.V. und der Regenstrecke der Hella KGaA Hueck & Co. durchgeführt, um die Vergleichbarkeit des Lichtkanals mit anderen Fahrbahndeckschichten zu überprüfen. Die Abbildungen 4.20 und 4.21 stellen analog zu den vorhergehenden Bildern links die Verläufe des Leuchtdichtekoeffizienten über die longitudinale Abstandsachse zwischen Scheinwerfer und Beobachter dar.

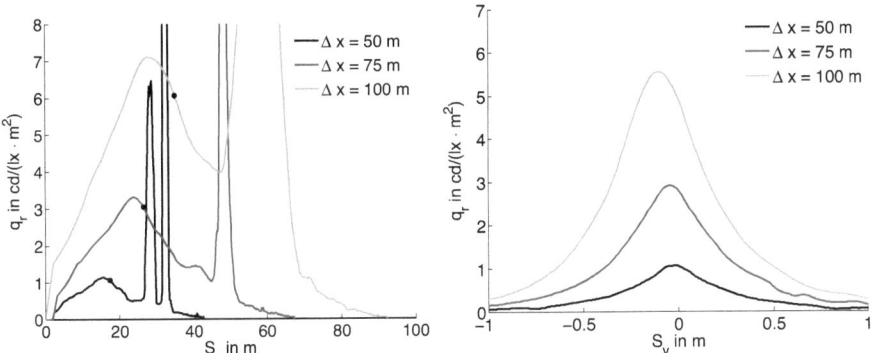

Abbildung 4.20: Leuchtdichtekoeffizienten für Vorwärtsreflexion auf dem Flugfeld Haxterberg Paderborn; links: Verlauf des Leuchtdichtekoeffizienten über die Entfernung für verschiedene longitudinale Abstände Δx (Hinweis: die schwarzen Punkte markieren die S_x-Position, an der sich der Spiegelwinkel theoretisch nach dem Reflexionsgesetz befinden würde.), rechts: Verlauf des Leuchtdichtekoeffizienten über die S_y-Position jeweils als Schnitt durch die S_x-Position, an der sich der Spiegelwinkel theoretisch nach dem Reflexionsgesetz befinden würde

Rechts sind die Verläufe entlang der Straßenkoordinate S_y veranschaulicht, an der sich der theoretische Spiegelwinkel befindet. Alle zuvor gefundenen Tendenzen können bestätigt werden. Mit zunehmendem Δx steigt der Leuchtdichtekoeffizient, dessen Maximum sich immer in der Nähe des theoretischen Spiegelwinkels befindet. Für die hier untersuchten Fahrbahnoberflächen liegt das reale Maximum immer in Richtung des Beobachters verschoben. Die großen Ausreißer der

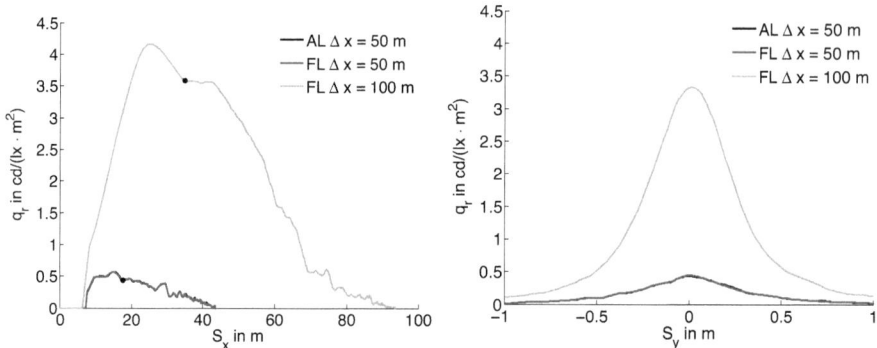

Abbildung 4.21: Leuchtdichtekoeffizienten für Vorwärtsreflexion auf der Regenstrecke der Hella KGaA Hueck & Co. in Lippstadt; links: Verlauf des Leuchtdichtekoeffizienten über die Entfernung für verschiedene longitudinale Abstände Δx (Hinweise: die beiden dunkleren Kurven repräsentieren die gleiche Situation und unterscheiden sich nur durch die verwendete Lichtstärkeverteilung, deshalb sind sie nahezu deckungsgleich; die schwarzen Punkte markieren die S_x-Position, an der sich der Spiegelwinkel theoretisch nach dem Reflexionsgesetz befinden würde.), rechts: Verlauf des Leuchtdichtekoeffizienten über die S_y-Position jeweils als Schnitt durch die S_x-Position, an der sich der Spiegelwinkel theoretisch nach dem Reflexionsgesetz befinden würde

Verläufe im linken Teil von Abbildung 4.20 sind durch an diesen Positionen befindliche Straßenmarkierungen mit deutlich höheren Leuchtdichtekoeffizienten zu erklären. Diese können für die Messungen jedoch nicht entfernt werden. Die jeweils rechten Teile der Abbildungen 4.20 und 4.21 zeigen, dass auch für diese beiden Strecken das Maximum des Leuchtdichtekoeffizienten sich an der Position $S_y = 0$ m befindet und zu beiden Seiten hin symmetrisch abfällt. Quantitativ weist das Flugfeld am Haxterberg die höchsten Werte für den Leuchtdichtekoeffizienten auf. Regenstrecke und Lichtkanal weisen ähnliche Wertebereiche auf. Eine Erklärung hierfür könnte sein, dass die Oberfläche des Flugfeldes am Haxterberg am glattesten wirkt.

4.6.3 Zwischenfazit

Die Untersuchungen von Wambsganß [Wam96], Rosenhahn [Ros99] und von Hoffmann [Hof03] legen nahe, dass sich das Maximum des Leuchtdichtekoeffizienten auf der longitudinalen Abstandsachse zwischen Scheinwerfer und Beobachter ausbildet. Dies wird von den Ergebnissen der Messungen bestätigt. Ferner wird dieses Maximum aufgrund der genannten Arbeiten von der Position des Spiegelwinkels aus in Richtung der Anleuchtung verschoben erwartet. Für einen Großteil der Messungen trifft dies zu. Die Werte des Leuchtdichtekoeffizienten reagieren jedoch sehr empfindlich auf Unebenheiten und Inhomogenitäten der Straßendeckschichten. Deshalb kann diese These zwar nicht widerlegt werden, sollte jedoch in weiteren Arbeiten kritisch geprüft werden. Der Rückgang des Leuchtdichtekoeffizienten mit einer Zunahme von $|S_y|$ kann hingegen zweifelsfrei bestätigt werden.

4.7 Einfluss Niederschlag auf die Vorwärtsreflexion

Die Auswirkung von Nässe auf die Vorwärtsreflexion von Fahrbahndeckschichten wurde auf der in Abschnitt 4.4 beschriebenen Regenstrecke untersucht. Aufgrund des hohen Messaufwandes fand dies jedoch für nur eine Situation, der Standardhöhe für Beobachter und Scheinwerfer und deren longitudinalem Abstand $\Delta x = 50\,\text{m}$ statt. Wegen der bei Rückwärtsreflexion aufgetretenen Streulichtproblematik wurden die Untersuchungen sowohl mit Abblend- als auch mit Fernlicht durchgeführt.

Entwicklung Maximum über Abtrocknungszeit

Die Abbildung 4.22 stellt die gefundenen Maxima über die Abtrocknungszeit dar. Aufgrund des hohen Dynamikumfangs der gemessenen Leuchtdichtekoeffizienten bei Nässe ist dieses, wie jedes in diesem Abschnitt folgende Diagramm, halblogarithmisch skaliert. Die Abbildung zeigt, dass der maximale Leuchtdichtekoeffizient während des Abtrocknungzeitraums stark zurück geht. Im Gegensatz zur Rückwärtsreflexion sind keine systematischen Unterschiede zwischen den mit Abblend- und Fernlicht gemessenen Leuchtdichtekoeffizienten zu erkennen. Die Ursache sind vermutlich die sehr viel höheren Absolutwerte, die folglich viel weniger auf die vergleichsweise kleinen Störlichtquellen reagieren.

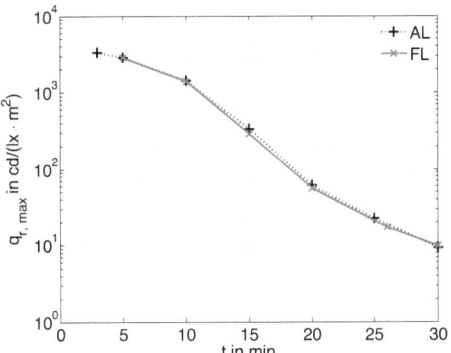

Abbildung 4.22: Maximum des Leuchtdichtekoeffizienten bei Vorwärtsreflexion in Abhängigkeit von der Abtrocknungszeit, $\Delta x = 50\,m$

Auch hier sei ein Längsschnitt über den Leuchtdichtekoeffizienten bei $S_y = 0\,\text{m}$ gezeigt. Die untersuchte Regenstrecke ist sehr leicht wellig, was sich in den Messwerten stärker niederschlägt als der von der S_x Position abhängige Verlauf. Deshalb ist es sehr schwer, ein Maximum auszumachen. Die theoretische Position des Maximums ist in den Verlaufskurven durch einen schwarzen Punkt markiert.

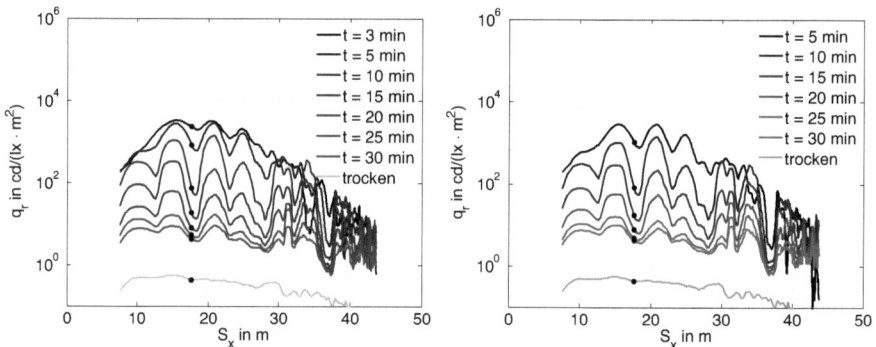

Abbildung 4.23: Leuchtdichtekoeffizienten bei Vorwärtsreflexion über die Entfernung für verschiedene Abtrocknungszeiten ($\Delta x = 50\,\text{m}$); links: Abblendlicht; rechts: Fernlicht

Entwicklung der Breite des Reflexstreifens über die Abtrocknungszeit

Der durch die S_x-Position des theoretischen Maximums gelegte Schnitt über die S_y-Achse ist in Abbildung 4.24 dargestellt. Es ist zu erkennen, dass sich das Maximum des Leuchtdichtekoeffizienten auch hier bei $S_y = 0\,\text{m}$ befindet und zu den Seiten hin stark abfällt. Mit der Abtrocknungszeit nimmt im Wesentlichen der Maximalwert ab. Zu den Rändern hin nähern sich die Leuchtdichtekoeffizienten für die verschiedenen Abtrocknungszeiten einander an. Das heißt, dass der für Regen typische Reflexstreifen vom Scheinwerfer zum Gegenverkehr mit abnehmender Nässe deutlich weniger hell und insgesamt breiter wirkt.

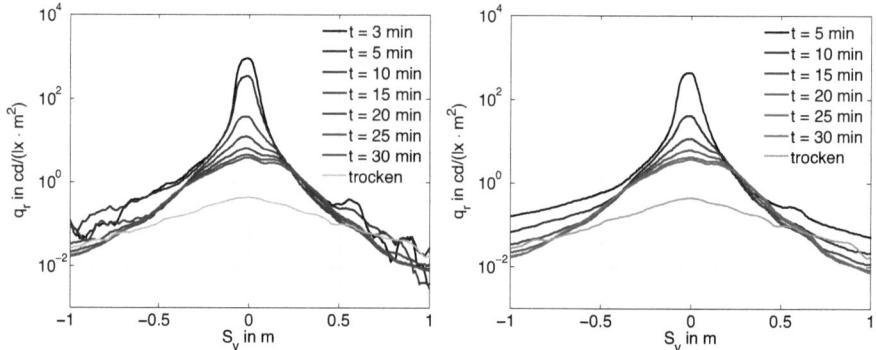

Abbildung 4.24: Leuchtdichtekoeffizienten bei Vorwärtsreflexion über die Entfernung für verschiedene Abtrocknungszeiten ($\Delta x = 50\,\text{m}$); links: Abblendlicht; rechts: Fernlicht

Zwischenfazit

Aus den Arbeiten von Schmidt-Clausen und Schwenkschuster [BMV812] sowie von Hoffmann [Hof03] lässt sich ableiten, dass das Maximum des Leuchtdichtekoeffizienten bei nasser Fahrbahndecke deutlich größer ausfällt als bei trockener. Dies kann hier eindeutig verifiziert werden. Auch der von den genannten Autoren gefundene Zuwachs des maximalen Leuchtdichtekoeffizienten einer nassen gegenüber einer trockenen Fahrbahndecke um zwei bis drei Größenordnungen kann quantitativ bestätigt werden. Weiter folgt aus den Arbeiten, dass sich das Maximum des Leuchtdichtekoeffizienten im Gegensatz zur trockenen Fahrbahndeckschicht zum Beobachter hin verschiebt. Darüber kann aufgrund des starken Einflusses der Welligkeit der Fahrbahn keine Aussage getroffen werden. Dafür kann die These eines bei Nässe mit $|S_y|$ stärker fallenden Leuchtdichtekoeffizienten klar bestätigt werden.

4.8 Abschließende Diskussion

Bewertung der Arbeitshypothesen anhand der Messergebnisse

S_x **bei RR:** Eine Konstanz des Leuchtdichtekoeffizienten bei festgelegter Einstrahl- und Beobachtungsgeometrie über die Entfernung kann bestätigt werden. Dabei ist zu erwähnen, dass die Werte des Leuchtdichtekoeffizienten sich zwar nicht systematisch mit der Entfernung ändern, aber trotz allem um ihren Mittelwert um circa ±10% schwanken.

Δy **RR:** Der Leuchtdichtekoeffizient nimmt bei $\Delta y = 0\,\text{m}$ sein Maximum ein und nimmt symmetrisch zu beiden Seiten mit größer werdendem $|\Delta y|$ ab. Somit kann auch die zweite Hypothese bestätigt werden.

Δx **VR:** Ebenfalls ist verifiziert, dass sich auf der longitudinalen Abstandsachse zwischen Scheinwerfer und Beobachter ($S_y = 0$) das Maximum des Leuchtdichtekoeffizienten ausbildet und dass es sich mit Zunahme von Δx vergrößert (Faktor 8 zwischen $\Delta x = 25\,\text{m}$ und $\Delta x = 100\,\text{m}$). Seine S_x-Position schwankt stark um die S_x-Position des theoretischen Spiegelwinkels und ist mithin sehr schwer auszumachen bzw. zu beurteilen.

S_y**-Position VR:** Eine deutliche Verringerung des Leuchtdichtekoeffizienten mit größer werdender $|S_y|$-Position ist für alle untersuchten Fälle nachgewiesen.

h_o **RR und VR:** Die Hypothese des steigenden Leuchtdichtekoeffizienten mit sinkender Beobachterhöhe h_o wird von den Messergebnissen ebenfalls verifiziert.

RR und VR: Die Untersuchungen bestätigen außerdem, dass bei Vorwärtsreflexion quantitativ deutlich größere q_r auftreten als bei Rückwärtsreflexion.

RR Regen: Der für Rückwärtsreflexion bestimmte Leuchtdichtekoeffizient ist unter sonst identischen Bedingungen für gerade beregnete Oberflächen um etwa Faktor 30 kleiner als für trockene. Ein Anstieg des Leuchtdichtekoeffizient der nassen Straßendeckschicht mit der longitudinalen Entfernung Δx kann anhand der Messergebnisse nicht nachgewiesen werden.

VR Regen: Der Leuchtdichtekoeffizient für Vorwärtsreflexion liegt unter sonst identischen Bedingungen für nasse Oberflächen im Maximum um etwa drei Größenordnungen höher als für trockene. Der im Gegensatz zur trockenen Fahrbahndeckschicht sehr viel stärkere Abfall des Leuchtdichtekoeffizienten mit zunehmender $|S_y|$-Position mit steigender Nässe zeigt sich in den Messergebnissen. Die Lage des ausgebildeten Maximums kann nicht sicher genug bestimmt werden, um eine Aussage über ihre Verschiebung mit der Abtrockungszeit zu treffen.

Fazit

Alle Hypothesen konnten untersucht und im Wesentlichen verifiziert werden. Das Hauptergebnis für die Rückwärtsreflexion ist, dass man bei fester Scheinwerfer-Beobachtergeometrie mit einem konstanten Leuchtdichtekoeffizienten die Leuchtdichte der gesamten Fahrbahn auf circa ±10 % genau prädizieren kann. Das Verhalten der Vorwärtsreflexion wird mit dem verwendeten Verfahren für den Anwendungsfall intuitiv aus der Position des Beobachters beschrieben. Bei Vorwärtsreflexion würde man theoretisch einen Verlauf des Leuchtdichtekoeffizienten erwarten, der ein globales und keine lokalen Maxima über die Straßenkoordinaten bzw. Winkel ausbildet. Aber durch praktische Einflüsse, wie Unebenheit und Rauheit, streuen die Messwerte stark um diesen theoretisch erwarteten Verlauf. Dies hat zur Folge, dass die Beschreibung des Leuchtdichtekoeffizienten im Wesentlichen nur qualitativ erfolgen kann. Gerade die genaue Position bzw. der genaue Wert des Maximums des Leuchtdichtekoeffizienten ist schwer festzustellen. Da eine Funktion in Abhängigkeit von den auf Winkel zurückgeführten Straßenpositionen wünschenswert ist, soll im folgenden Kapitel 6 versucht werden, ein hierfür verwendbares Modell zu finden. Mithin können nur sehr kleine Bestimmtheitsmaße von der Modellfunktion erwartet werden. Der Grund hierfür ist, dass ein solches Modell immer nur die Varianz, die für die Beschreibung genutzte unabhängige Variable hervorruft, klären kann und nie die Varianz, die durch zufällige Unebenheiten und Rauheiten entsteht. Deshalb wird die Modellgüte zur Prädiktion von Leuchtdichten zum Ende des Kapitels 6 kritisch diskutiert.

Kapitel 5

Fehler- und Messunsicherheitsbetrachtung

Die in Kapitel 4 vorgestellte Bestimmung des Leuchtdichtekoeffizienten beruht auf der Verwendung einer im Goniofotometer gemessenen Lichtstärkeverteilung und der Aufnahme eines Leuchtdichtebildes. Abschnitt 5.1 beschreibt, mit welchen Unsicherheiten bei der Lichtstärkemessung im Goniofotometer zu rechnen ist. Ferner wird die Unsicherheit erläutert, die bei der Überführung der Lichtstärkeverteilung in die Beleuchtungsstärke auf die Straßenoberfläche entsteht. Im Anschluss wird auf den Einfluss der Genauigkeit der Positionierung sowie der Einstellung von Elevations- und Verdrehwinkel des Scheinwerfers eingegangen. Abschnitt 5.3 betrachtet die Unsicherheit der Leuchtdichtemessung.

Die Schwierigkeit der hier durchgeführten Fehlerabschätzung liegt darin, dass der resultierende Fehler für jede Lichtstärkeverteilung, jede Scheinwerfer- und Leuchtdichtekameraposition sowie für jede Position auf der Straße ein anderer ist. Um trotzdem einen Eindruck über den Einfluss der einzelnen Fehlerquellen auf das Messergebnis zu erlangen, sollen für eine Referenzsituation bei Rückwärtsreflexion ($h_i = 0,65$ m, $h_o = 1,2$ m, $\Delta x = -2$ m, Auswertebereich von $7,5$ m $< S_x < 107,5$ m und $-1,75$ m $< S_y < 1,75$ m) unter Verwendung des Messscheinwerfers Bilder aus Perspektive des Fahrers, in denen für jedes Pixel der resultierende Fehler für die Beleuchtungsstärke in Prozent farblich kodiert ist, gezeigt werden. Abschließend wird sowohl die sich aus der Messunsicherheit für Leuchtdichte und Beleuchtungsstärke zusammensetzende Gesamtunsicherheit für den ermittelten Leuchtdichtekoeffizienten als auch die Unsicherheit in der späteren Anwendung abgeschätzt.

5.1 Messung und Verwendung der Lichtstärkeverteilung

Die Messunsicherheitsbetrachtung für eine Lichtstärkemessung in einem Kfz-Goniofotometer kann beliebig komplex erfolgen, soll hier aber aus Rücksicht auf den Umfang der Arbeit nur in einem begrenzten Rahmen stattfinden. Eine detaillierte Fehlerbudgetierung für eine vergleichbare Lichtstärkemessung findet sich in der Arbeit von Kiel und Mensch [KM07].

Beleuchtungsstärkemessung im Goniofotometer

Die Beleuchtungsstärkemessung mit dem in Abschnitt 4.2 beschriebenen Kfz-Goniofotometer wird mit einem Beleuchtungsstärkemesskopf der Klasse L (Geräte mit höchster Genauigkeit, siehe Tabelle A.6) durchgeführt. Der entsprechende zulässige Gesamtfehler des Fotometermesskopfes beträgt folglich 3 %. Da ein Teil der eingehenden Fehler, wie nicht-cos-getreue Bewertung oder UV-Empfindlichkeit, ausgeschlossen werden kann, könnte der Gesamtfehler als deutlich kleiner angesetzt werden. Da die Verringerung des Gesamtfehlers jedoch schwer zu quantifizieren ist, werden die 3 % zur Abschätzung der Gesamtmessunsicherheit beibehalten.

Überführung in Lichtstärkeverteilung

Mit Hilfe des fotometrischen Entfernungsgesetzes, siehe Gleichung 4.1, werden die gemessenen Beleuchtungsstärken in Lichtstärken überführt. Hierbei wird die vereinfachende Annahme einer Punktlichtquelle getroffen. Analytisch lässt sich der dadurch entstehende Fehler f aus dem fotometrischen Grundgesetz in Abhängigkeit von der Ausdehnung des Scheinwerfers a_{SW} und der Messentfernung d ableiten:

$$f = \frac{a_{SW}^2}{a_{SW}^2 - d^2} \quad \text{(nach [Hen02])}. \tag{5.1}$$

Mit einem Durchmesser der leuchtenden Fläche a_{SW} des verwendeten Projektionssystems von 70 mm und einer Messentfernung im Goniofotometer von 25 m ergibt sich ein zu erwartenden Fehler f von 0,08 %. Diese Fehlerabschätzung gilt nur für diffuse Strahler und ist bei davon abweichenden Lichtstärkeverteilungen etwas größer. Er kann für die jeweilige Leuchte nur experimentell bestimmt werden. Kooß [Koo93, S. 29 ff] untersucht den entstehenden Fehler für Kfz-typische Lichtstärkeverteilungen in einem Kfz-Goniofotometer. Hierbei bestimmt er für verschiedene Lichtstärkeverteilungen fotometrische Grenzentfernungen. Eine solche Entfernung meint den Abstand zur Lichtquelle, ab der der entstehende Fehler durch die Anwendung des fotometrischen Grundgesetzes vernachlässigbar klein wird. Selbst für den Extremfall einer Abblendlichtverteilung, in dem durch die HDG stark von einer diffusen Lichtstärkeverteilung abgewichen wird, ermittelt er eine fotometrische Grenzentfernung von 14 m. Da die hier zugrunde liegenden Messungen mit der als deutlich diffuser zu charakterisierenden Fernlichtverteilung durchgeführt werden, ist bei einer Messentfernung von 25 m ein vernachlässigbarer Fehler zu erwarten.

Reproduzierbarkeit der Lichtstärkemessungen

Die Reproduzierkeit der Messungen hängt maßgeblich von der Genauigkeit ab, mit der der Scheinwerfer wieder in dieselbe Position (x,y,z) im Raum gebracht wird und sowohl Vertikal- als auch Horizontalwinkel gleich eingestellt werden. Durch den festen Aufbau im Goniofotometer und die Ausrichtung der Lichtquelle mittels Laser, die die Sollposition sehr genau markieren, ist hier keine bedeutende Unsicherheit in der Einstellung der (x,y,z)-Position zu erwarten. Die Justage der Winkel erfolgt rein visuell und hängt somit von derjenigen Person ab, die den Scheinwerfer einstellt. Sie erfolgt durch die Ausrichtung der für die hier durchgeführten Untersuchungen besonders scharfen HDG auf dem 10 m entfernten Messschirm. Die Breite des Farbsaums der HDG beträgt etwa 1,5 cm. Es wird geschätzt, dass die Justage an dem Messschirm, bei sorgfältiger Einstellung auf ±0,5 cm genau stattfindet. Daraus folgt eine Einstellunsicherheit für α_i von maximal ±0,03° (1,7 Winkelminuten). Horizontal ist die Einstellung anhand des 15°-Astes etwas schwieriger und wird deshalb mit ±1 cm auf der Wand angenommen. Dies ergibt für den Verdrehwinkel δ_i eine Einstellunsicherheit von ±0,06° (3,4 Winkelminuten).

Unsicherheit durch Interpolation

Die in 0,02°-Schritten aufgenommene Lichtstärkeverteilung wird linear auf 0,01°-Schritte interpoliert. Die hierbei entstehende Unsicherheit wird aufgrund der Stetigkeit des Lichtstärkeverlaufs als vernachlässigbar klein angesehen.

Überführung in Beleuchtungsstärkeverteilung auf der Straßenoberfläche

Für die Berechnung des Leuchtdichtekoeffizienten q_r ist die radiale Beleuchtungsstärke E_r der Scheinwerferlichtverteilung auf der Straßenoberfläche notwendig. Hierfür kommt wieder das fotometrische Entfernungsgesetz zur Anwendung. Um den Fehler durch dessen Anwendung vernachlässigbar klein zu halten, wird nur der Bereich ab 7,5 m Entfernung von der Lichtquelle zur Auswertung heran gezogen. Der korrespondierende Fehler beträgt hier nach Gleichung 5.1 0,8 %.

Stromeinstellung Lichtquelle

Die Reproduzierbarkeit des Lampenlichtstroms hängt maßgeblich vom elektrischen Strom ab. Deshalb wurde für dessen Einstellung sowohl im Lichtkanal als auch auf der realen Fahrbahndecke eine auf 0,01 A genau einstellbare Stromquelle verwendet. Bei einem Strom größer 4 A beträgt die resultierende Unsicherheit weniger als 0,25 % und ist damit vernachlässigbar klein.

5.2 Scheinwerferpositionierung und -einstellung

Scheinwerferpositionierung auf der realen Fahrbahndecke

Der Scheinwerfer muss auf der jeweiligen zu vermessenden Strecke immer neu positioniert werden. Da hier nicht wie im Goniofotometer ein fester Aufbau und fest installierte Hilfsmittel zur genauen Positionierung vorhanden sind, ist hier ein größerer Fehler zu erwarten. Die maximale Abweichung bei der Positionierung in x- und y-Richtung mittels Massband und Laserdistanzmessgerät wird mit ±2 cm angesetzt. Die Positionierung in z-Richtung geschieht mit Hilfe eines Gliedermaßstabes und wird mit einer Genauigkeit von ±1 cm angenommen. Abbildung 5.1 zeigt die so entstehenden Unterschiede der zugeordneten Beleuchtungsstärkewerte bei den entsprechenden Fehlpositionierungen des Scheinwerfers im Gegensatz zur Referenzsituation.
Tabelle 5.1 zeigt die jeweiligen mittleren und maximalen Fehler sowohl für eine Abweichung in x-, y- und z-Position um ±1 cm als auch in x- und y-Richtung um ±2 cm auf.
Es zeigt sich, dass die Messung am meisten auf eine Fehlpositionierung in z-Richtung und

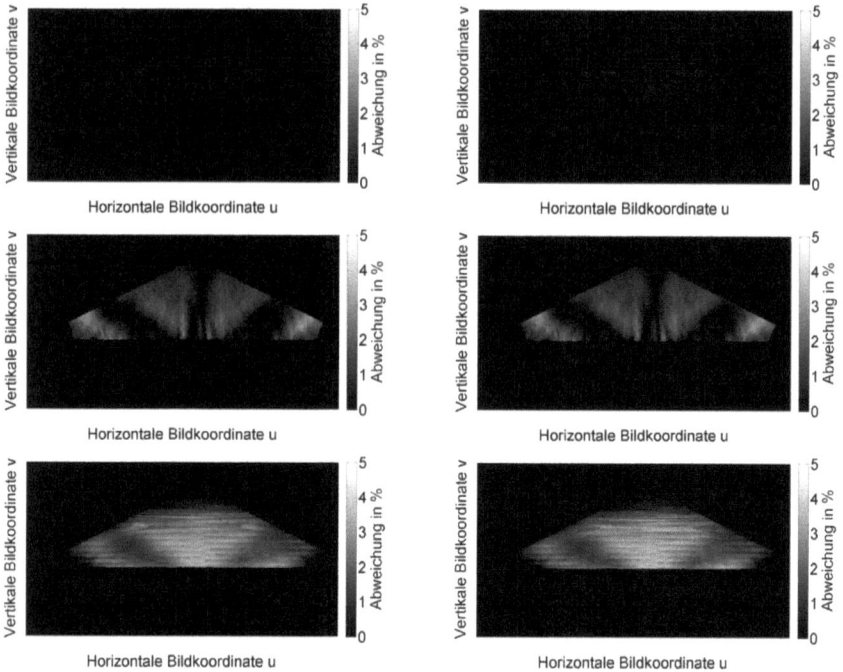

Abbildung 5.1: Resultierende Fehler bei falscher Positionierung des Scheinwerfers in x-, y- und z-Richtung bei der Messung auf der realen Fahrbahndecke am Beispiel der Perspektive für die Rückwärtsreflexion, wenn der Scheinwerfer 2 cm zu weit vorn (oben links), hinten (oben rechts), links (mitte links), rechts (mitte rechts) sowie 1 cm zu hoch (unten links) bzw. zu niedrig positioniert (unten rechts) ist

am wenigsten auf eine Fehlpositionierung in x-Richtung reagiert. Da die Fehlerursachen unabhängig voneinander sind, wird zur Gesamtfehlerabschätzung die quadratische Summe ihrer Maximalwerte gebildet:

$$f = \sqrt{(1,2\,\%)^2 + (3,6\,\%)^2 + (4,4\,\%)^2} = 5,5\,\%$$

Hierbei sei angemerkt, dass der resultierende Fehler insgesamt vermutlich kleiner ist, da der maximale Fehler nicht an der gleichen Straßenposition auftritt.

Winkeleinstellung des Scheinwerfers auf der realen Fahrbahndecke

Ein weiteres Kriterium für die Unsicherheit der Messergebnisse aus Kapitel 4 ist, dass der Scheinwerfer bei der Messung im Goniofotometer ($\alpha_{i,G}, \delta_{i,G}$) genauso eingestellt ist, wie später bei der Leuchtdichtemessung auf der realen Fahrbahndeckschicht ($\alpha_{i,F}, \delta_{i,F}$). Somit gehen die

5.2. SCHEINWERFERPOSITIONIERUNG UND -EINSTELLUNG

Positionierfehler	mittlerer Fehlerbetrag in %	maximaler Fehlerbetrag in %
+1 cm in x-Richtung	0,2	1,1
−1 cm in x-Richtung	0,2	1,2
+2 cm in x-Richtung	0,2	1,1
−2 cm in x-Richtung	0,2	1,2
+1 cm in y-Richtung	0,5	1,9
−1 cm in y-Richtung	0,5	1,9
+2 cm in y-Richtung	1,1	3,5
−2 cm in y-Richtung	1,1	3,6
+1 cm in z-Richtung	1,9	4,2
−1 cm in z-Richtung	2,0	4,4

Tabelle 5.1: *Resultierende mittlere und maximale Fehler bei falscher Positionierung des Scheinwerfers in x-, y- und z-Richtung bei der Messung auf der realen Fahrbahndecke*

hier verursachten Unsicherheiten $\Delta\alpha_i = |\alpha_{i,G}| + |\alpha_{i,F}|$ und $\Delta\delta_i = |\delta_{i,G}| + |\delta_{i,F}|$ doppelt ein, können aber aufgrund der voneinander unabhängigen Vorgänge quadratisch addiert werden. Sie beträgt somit für $\Delta\alpha_i = 0,04°$ (2,4 Winkelminuten) und für $\Delta\delta_i = 0,08°$ (4,8 Winkelminuten). Wie sich das im Vergleich zur Referenzsituation auf die zugeordneten Beleuchtungsstärken auswirkt, veranschaulicht Abbildung 5.2.

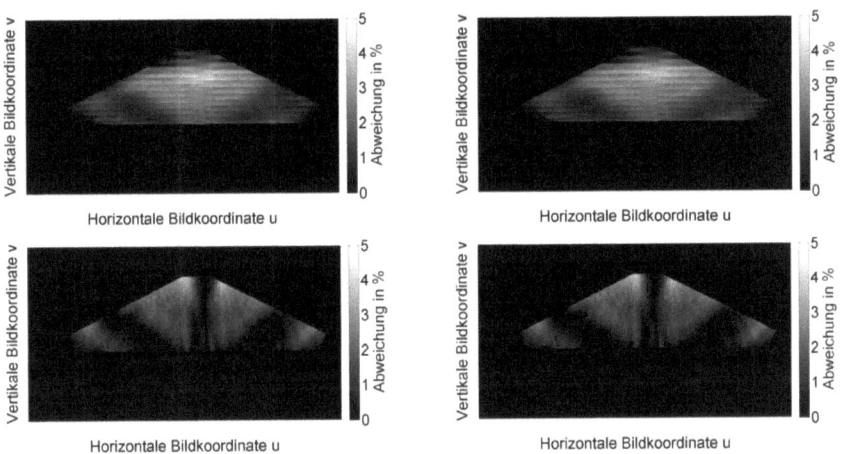

Abbildung 5.2: *Resultierende Fehler am Beispiel der Perspektive für die Rückwärtsreflexion, wenn der Scheinwerfer zu hoch (oben links), zu niedrig (oben rechts) eingestellt bzw. zu weit nach links (unten links) bzw. nach rechts (unten rechts) gedreht ist*

Betrachtet man die Orte der entstehenden Fehler, ist eine sorgfältige Justierung des Elevationswinkels α_i insbesondere wichtig, um Fehler im für das Adaptationsniveau des Fahrer entscheidenden Bereich zu vermeiden. Tabelle 5.2 zeigt die jeweiligen mittleren und maximalen Fehler. Die quadratische Addition ihrer Maximalwerte ergibt 6,1 %.

Fehleinstellung Winkel	mittlerer Fehlerbetrag in %	maximaler Fehlerbetrag in %
$0,04°$ $(2,4')$ zu hoch	1,8	4,6
$0,04°$ $(2,4')$ zu niedrig	1,8	4,4
$0,08°$ $(4,8')$ zu weit links	1,1	3,8
$0,08°$ $(4,8')$ zu weit rechts	1,1	4,1

Tabelle 5.2: *Resultierende mittlere und maximale Fehler bei einem Winkelversatz der Einstellwinkel zwischen der Messung im Goniofotometer und der Messung auf der realen Fahrbahndecke*

5.3 Leuchtdichtemessung

Dieser Abschnitt stellt die Unsicherheiten, die für die Leuchtdichtemessung zu berücksichtigen sind, vor. Zunächst wird die Unsicherheit des Gerätes selbst erläutert. Theoretisch ist es möglich sowohl rotatorische als auch translatorische Fehler beim Aufbau der Leuchtdichtekamera zu verursachen. Im ersten Teil dieses Abschnitts wird auf die durch translatorische Positionierfehler der Kamera in x-, y- und z-Richtung entstehenden Unsicherheiten eingegangen. Die zugehörigen Beobachtungswinkel α_o und δ_o werden mithilfe der Sehzeichen im Kalibrierbild bestimmt. Der dritte mögliche Rotationswinkel der Kamera wird durch deren Ausrichtung auf die Sehzeichen eingestellt. Wie sich ein Positionierungsfehler der Sehzeichen im Weltkoordinatensystem bzw. die Ablesegenauigkeit in Kamerakoordinaten auf das Messergebnis auswirkt, wird in den letzten beiden Teilen dieses Abschnitts behandelt.

Leuchtdichtekamera

Die Kalibrierung der verwendeten Leuchtdichtekamera LMK 98-3 der Firma TechnoTeam Bildverarbeitung GmbH wurde vom Hersteller durchgeführt. Sie erfolgte ähnlich den in [DIN 5032] festgelegten Vorschriften für herkömmliche Leuchtdichtemessgeräte. Der Grund hierfür ist, dass noch keine Norm betreffs der Fehlerklassen für ortsaufgelöste Leuchtdichtemesstechnik existiert. Die entsprechende Klasseneinteilung und Fehleraufschlüsselung ist in Tabelle A.7 im Anhang zu finden. Hinsichtlich der meisten Fehler entspricht das Messgerät der Klasse A, wird jedoch im Kalibrierzertifikat mit Klasse B angegeben. Somit liegt der zulässige Gesamtfehler des Geräts bei 10%. Deshalb wird davon ausgegangen, dass diese 10 % bei sorgfältiger Handhabung auch alle Unsicherheiten bildauflösender Kamerasysteme, wie beispielsweise Abbildungsfehler oder Streulicht im Objektiv, beinhalten. Eine ausführliche Betrachtung von Messunsicherheiten, die bei der Verwendung ortaufgelöster Leuchtdichtemesstechnik mittels CCD-Kameras, entstehen können, gibt Fischbach [Fis98].
Eine messtechnische Herausforderung bei dieser Arbeit besteht in dem hohen Dynamikbereich

5.3. LEUCHTDICHTEMESSUNG

der Messwerte, den es insbesondere bei Vorwärtsreflexion abzudecken gilt. Das Messgerät stellt hierfür einen sogenannten HighDyn-Algorithmus zur Verfügung, der die Messung automatisch mit verschiedenen Belichtungszeiten durchführt. Anschließend wird das Messbild aus den einzelnen Bildern so zusammengesetzt, dass aus jedem Bild der Teil verwendet wird, der für den jeweiligen Messbereich die günstigste Belichtungszeit aufweist. Um Fehler durch thermisches Rauschen, welches speziell bei langen Belichtungszeiten ein Problem darstellen kann, entgegenzuwirken, wurde jede Aufnahme fünfmal durchgeführt und diese anschließend gemittelt.

Positionierung der Leuchtdichtekamera

Eine Fehlpositionierung der Kamera, die nicht mit der für die Berechnungen angenommenen Position übereinstimmt, hat eine falsche Berechnung der Beobachtungswinkel und folglich eine fehlerhafte Berechnung der Straßenkoordinaten sowie Zuordnung von korrespondierenden Beleuchtungsstärken zu den jeweiligen Leuchtdichten zur Folge. Analog der Fehlpositionierung des Scheinwerfers, soll hier von einer maximalen Unsicherheit von ±2 cm in x- und y-Richtung sowie ±1 cm in z-Richtung ausgegangen werden. Was dies in der Rückrechnung für den relativen Unterschied zwischen tatsächlicher Beleuchtungsstärke und an der Position angenommener Beleuchtungsstärke ausmacht, soll Abbildung 5.3 am Beispiel der Referenzsituation verdeutlichen.

Tabelle 5.3 zeigt die jeweiligen mittleren und maximalen Fehler auf.

Positionierfehler	mittlerer Fehlerbetrag in %	maximaler Fehlerbetrag in %
+1 cm in x-Richtung	0,1	1,3
−1 cm in x-Richtung	0,1	1,2
+2 cm in x-Richtung	0,2	1,2
−2 cm in x-Richtung	0,2	1,1
+1 cm in y-Richtung	0,4	1,5
−1 cm in y-Richtung	0,4	1,4
+2 cm in y-Richtung	0,7	2,8
−2 cm in y-Richtung	0,7	2,8
+1 cm in z-Richtung	0,5	1,8
−1 cm in z-Richtung	0,5	1,8

Tabelle 5.3: Resultierende mittlere und maximale Fehler bei um ±2 cm falscher Positionierung der LMK in x- und y-Richtung sowie ±1 cm in z-Richtung

Die quadratische Summe ihrer Maximalwerte beträgt

$$f = \sqrt{(1,3\,\%)^2 + (2,8\,\%)^2 + (1,8\,\%)^2} = 3,6\,\%$$

Es zeigt sich, dass die Messunsicherheit insbesondere auf eine Fehlpositionierung der LMK in y- und z-Richtung reagiert. Generell ist die Messungenauigkeit auf eine Fehleinstellung der Leuchtdichtekamera etwas weniger empfindlich als auf die Fehleinstellung des Scheinwerfers.

72 KAPITEL 5. FEHLER- UND MESSUNSICHERHEITSBETRACHTUNG

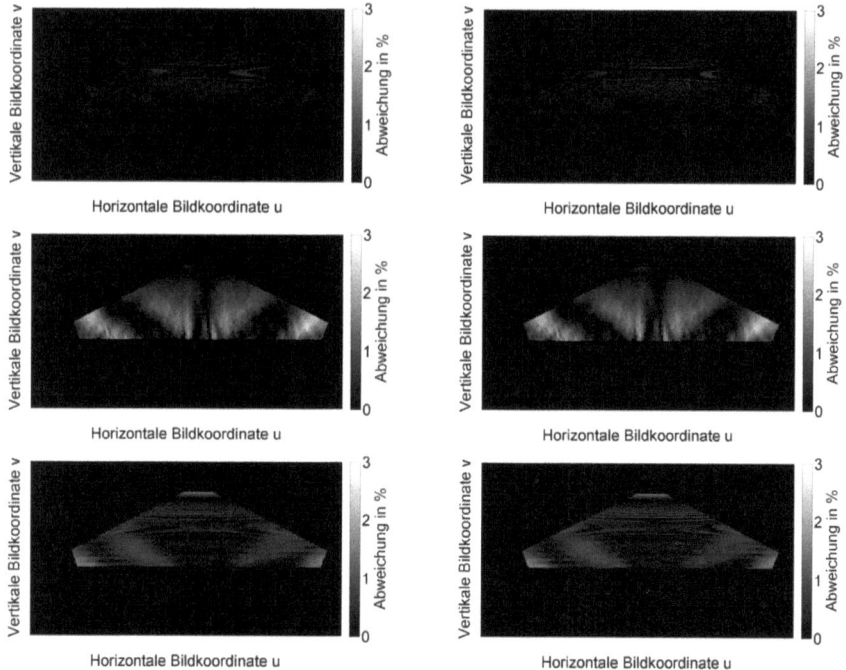

Abbildung 5.3: Resultierende Fehler bei um ±2 cm falscher Positionierung der LMK in x- und y-Richtung, sowie ±1 cm in z-Richtung am Beispiel der Perspektive für die Rückwärtsreflexion, wenn die LMK zu weit vorn (oben links), hinten (oben rechts), links (mitte links), rechts (mitte rechts), zu hoch (unten links) bzw. zu niedrig (unten rechts) positioniert ist

Positionierung der Sehzeichen

Um den Einfluss der Genauigkeit der Positionierung der Sehzeichen auf das Messergebnis beurteilen zu können, werden zunächst anhand der Referenzsituation diejenigen Bildkoordinaten bestimmt, an denen sich die Sehzeichen bei korrekter Positionierung befänden. Danach werden diejenigen Bildkoordinaten berechnet, an denen die Sehzeichen bei einer fehlerhaften Positionierung erscheinen würden. Das heißt die Sehzeichenpositionen werden aus dem Leuchtdichtebild abgelesen, befinden sich allerdings nicht an den vermuteten Orten. Eine longitudinale Abweichung beeinflusst das Ergebnis bei einer angenommenen Entfernung der Sehzeichen von der Kamera von 50 m erst bei einer um 0,5 m falschen Positionierung. Dies ist darin begründet, dass eine horizontale Verschiebung um 0,5 m durch Projektion und begrenzte Kameraauflösung in etwa einem Pixel im Leuchtdichtebild entspricht. Da auch hier von einer Positioniergenauigkeit in x- und y-Richtung von ±2 cm ausgegangen werden soll, bleibt eine Fehlpositionierung in x-Richtung somit ohne bedeutende Auswirkung auf die Messgenauigkeit. Eine Fehlpositi-

5.3. LEUCHTDICHTEMESSUNG

on in y-Richtung wirkt sich deutlicher auf die Berechnung der Beobachtungswinkel aus. Es wird folglich von einer falschen Neigung und Verdrehung der Kamera ausgegangen und demzufolge abweichende Straßenpositionen zugeordnet, was wiederum eine Zuordnung der falschen Beleuchtungsstärken zu den jeweilig korrespondierenden Leuchtdichten bedingt. Abbildung 5.4 veranschaulicht den resultierenden Fehler der Beleuchtungsstärke durch den Vergleich mit der Referenzsituation.

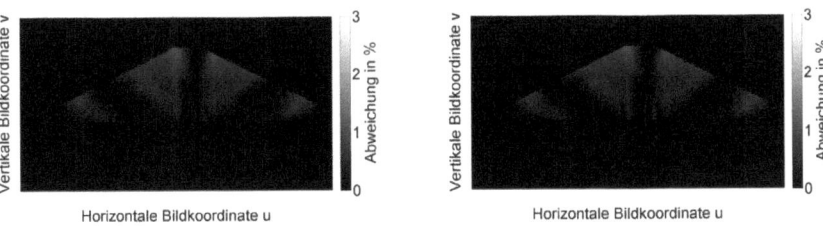

Abbildung 5.4: Resultierende Fehler bei um ±2 cm falscher Positionierung der Sehzeichen in y-Richtung am Beispiel der Perspektive für die Rückwärtsreflexion, links (links) bzw. rechts (rechts) positioniert ist

Tabelle 5.4 zeigt die jeweiligen mittleren und maximalen Fehler auf.

Positionierfehler	mittlerer Fehlerbetrag in %	maximaler Fehlerbetrag in %
+2 cm in y-Richtung	0,3	1,7
−2 cm in y-Richtung	0,3	1,8

Tabelle 5.4: Resultierende mittlere und maximale Fehler bei um ±2 cm falscher Positionierung der Sehzeichen in y-Richtung

Die z-Richtung wird nicht berücksichtigt, da die Sehzeichen auf den Boden gestellt werden und sich somit automatisch in der richtigen Höhe befinden. Die bedingte Messunsicherheit durch eine Fehlpositionierung der Sehzeichen ist vergleichsweise klein.

Ablesegenauigkeit der Sehzeichenpositionen im Leuchtdichtebild

Es wird davon ausgegangen, dass die Sehzeichenposition in Pixelkoordinaten aus den Kalibrierbildern auf ±1 Pixel genau abgelesen werden. Der resultierende Fehler der zugeordneten Beleuchtungsstärke ist in Abbildung 5.5 veranschaulicht.
Tabelle 5.5 zeigt die jeweiligen mittleren und maximalen Fehler auf.
Hauptsächlich die v-Position der Sehzeichen ist im Kamerabild für die Richtigkeit der Ergebnisse insbesondere in größeren Entfernungen unerlässlich.

74 KAPITEL 5. FEHLER- UND MESSUNSICHERHEITSBETRACHTUNG

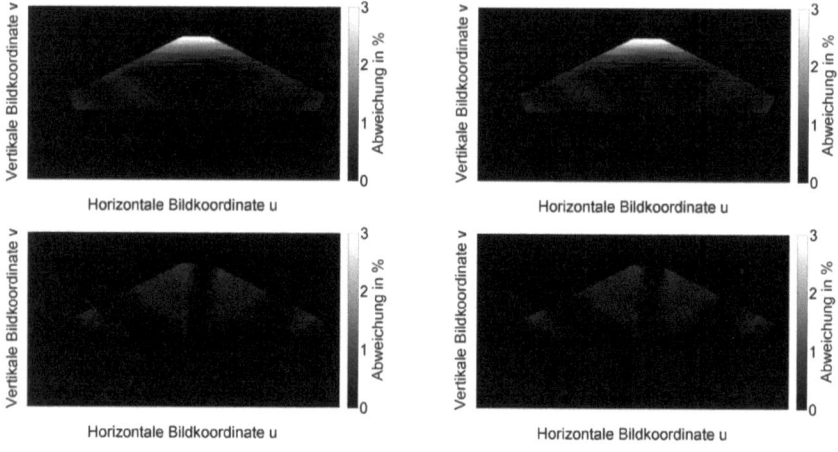

Abbildung 5.5: Resultierende mittlere und maximale Fehler bei um ±1 Pixel falsch abgelesener Position des Sehzeichens in u und v- Richtung im Kamerakoordinatensystem, wenn die Position zu weit unten (oben links), oben (oben rechts), links (unten links), rechts (unten rechts) abgelesen wurde

Ablesefehler	mittlerer Fehlerbetrag in %	maximaler Fehlerbetrag in %
+1 Pixel in v-Richtung	0,4	4,6
−1 Pixel in v-Richtung	0,4	4,8
+1 Pixel in u-Richtung	0,2	1,0
−1 Pixel in u-Richtung	0,2	1,0

Tabelle 5.5: Resultierende Fehler bei um ±1 Pixel falsch abgelesener Position des Sehzeichens in u und v- Richtung im Kamerakoordinatensystem

Lichtkanal

Der Lichtkanal stellt speziell durch das von Wänden und Decke zurückgeworfene Streulicht eine Fehlerquelle dar. Um dies zu vermeiden, sind sowohl Wände als auch Decke mattschwarz gestrichen. Ihr Reflexionsgrad ist kleiner 4 %. Um restliches Streulicht zu vermeiden, wurden zusätzlich senkrecht zu den Lichtkanalwänden mit schwarzem Stoff bespannte Wände als Lichtfallen aufgestellt. Ferner wurde nur der Bereich in mindestens 30 m Abstand vor der Rückwand und 2 m von den Seitenwänden ausgewertet. Trotz allem ist Störlicht nicht auszuschließen. Es lässt sich jedoch nicht explizit quantifizieren, soll aber in dem ausgewerteten Bereich als vernachlässigbar klein angenommen werden. Es sei hier nur darauf hingewiesen, hinsichtlich Orten auf der Straßenoberfläche, die kleine Leuchtdichtemesswerte aufweisen und sich nahe der Wände befinden, den resultierenden Leuchtdichtekoeffizienten kritisch zu prüfen.

Schwankungen der Messwerte, die durch Abweichungen der Luftfeuchte und Temperatur im Lichtkanal zu erwarten sind, werden ebenfalls als vernachlässigbar eingestuft.

5.4 Gesamtunsicherheit

Die Zielgröße, der Leuchtdichtekoeffizient, ist der Quotient aus Leuchtdichte und Beleuchtungsstärke.

$$q = \frac{L}{E} \qquad (5.2)$$

Im Fall der Division der Messgrößen ist die maximale Unsicherheit der berechneten Größe q die Summe der relativen Unsicherheiten der in die Rechnung eingehenden Größen L und E. Alle Positionier- und Einstellfehler wurden in den vorangegangenen Abschnitten auf Fehler in der Beleuchtungsstärkezuordnung zurück geführt. Auf Kombinationen aller im Einzelnen betrachteten Fehlerquellen wird aufgrund der Komplexität verzichtet. Man kann jedoch davon ausgehen, dass der maximale Fehler nicht größer als die Summe der Einzelfehler ist. Die Einzelfehler sind in Tabelle 5.6 gezeigt. Unsicherheiten, die sich aus mehreren Quellen zusammen setzen, wurden hierfür quadratisch addiert.

Unsicherheit	mittlerer Fehlerbetrag in %	maximaler Fehlerbetrag in %
Unsicherheit Goniofotometer		3
Unsicherheit Scheinwerferpositionierung und -einstellung	3,1	8,5
Unsicherheit Leuchtdichtekamera Positionierung	0,9	3,6
Unsicherheit durch Sehzeichen	2,1	5,3
Unsicherheit LMK		10
Summe Gesamtfehler		30,4
Quadratische Summe Gesamtfehler		14,9

Tabelle 5.6: Unsicherheiten der einzelnen Fehlerquellen

Im schlechtesten Fall beträgt der Fehler demnach circa 30 %. Da die Fehler unabhängig voneinander sind, ist ihr gemeinsames Auftreten im Maximalwert an einer Stelle äußerst unwahrscheinlich. Dies rechtfertigt ihre quadratische Addition, welche eine Messunsicherheit von circa 15 % ergibt. Die Höhe des Gesamtfehlers kann durch sorgfältige Positionierung von Leuchtdichtekamera und Scheinwerfer verringert werden. Dies wurde für die vorliegenden Messung so gründlich wie möglich durchgeführt und sollte auch für zukünftige Messungen so gehandhabt werden. Auf die gerätebedingten Unsicherheiten des Goniofotometers und der Leuchtdichtekamera hat man dagegen keinen Einfluss.

5.5 Abschätzung von Fehlern in der Anwendung

Verwendet man die gewonnenen Daten für die Leuchtdichtesimulation, ergeben sich mit großer Wahrscheinlichkeit deutlichere Unterschiede zwischen Theorie und Praxis. Diese sind dadurch bedingt, dass üblicherweise eine Scheinwerfereinstellung und Positionierung nicht so genau durchgeführt werden kann, wie in dieser Arbeit. Um ein Gefühl für die Genauigkeit der resultierenden Leuchtdichtesimulation zu bekommen, sollen hier ebenfalls in Bezug auf die Referenzsituation die resultierenden Unsicherheiten in der Beleuchtungsstärkezuordnung für verschiedene in der Praxis denkbare Positionier- und Einstellunsicherheiten des Scheinwerfers angegeben werden. Als Genauigkeit für die Positionierung des Scheinwerfers sollen hier ±10 cm in x- und y-Richtung und ±3 cm in z-Richtung angesetzt werden. Die Winkeleinstellung auf der Wand ist bei Scheinwerfern mit herkömmlichen Schärfen der HDG eher mit ±3 cm anzusetzen (entspricht 0,17° bzw. 10.3'). Bei der Einstellung in Werkstätten anhand stark verkleinerter Geräte zu diesem Zweck ist von noch viel größeren Unsicherheiten auszugehen. Es seien ±6 cm angesetzt (entspricht 0,34° bzw. 20,6'). Tabelle 5.7 zeigt für diese Beispielannahmen die sich ergebenden relativen mittleren und maximalen Unterschiede der für die Straßenpositionen berechneten Beleuchtungsstärken und der tatsächlich vorhandenen.

Unsicherheit	mittlerer Fehlerbetrag in %	maximaler Fehlerbetrag in %
+10 cm in x-Richtung	0,5	2,1
−10 cm in x-Richtung	0,5	2,2
+10 cm in y-Richtung	5,3	16,6
−10 cm in y-Richtung	5,3	17,3
+3 cm in z-Richtung	5,5	10,7
−3 cm in z-Richtung	6,0	12,3
0,17° (10,3') zu hoch	7,9	19,3
0,17° (10,3') zu niedrig	2,3	16,2
0,17° (10,3') zu weit links	7,4	8,6
0,17° (10,3') zu weit rechts	2,3	8,6
0,34° (20,6') zu hoch	16,4	40
0,34° (20,6') zu niedrig	14,3	28,6
0,34° (20,6') zu weit links	4,6	16,8
0,34° (20,6') zu weit rechts	4,6	17,3
Summe Gesamtfehler		89,1
Quadratische Summe Gesamtfehler		48,5

Tabelle 5.7: *Unsicherheiten der einzelnen Fehlerquellen durch Positionierung (ohne Geräteunsicherheit)*

Dies verdeutlicht, mit welchen Unterschieden zwischen Simulation und Praxis bei verschiedenen Positionier- und Einstellunsicherheiten zu rechnen ist. Die x-Richtung scheint auch bei größerer Fehlpositionierung recht robust gegen eine Fehleinstellung. Alle anderen Größen reagieren weitaus sensibler auf die Ungenauigkeit.

Abschließend sei darauf hingewiesen, dass dies nur für eine von genau dem Scheinwerfer gemessene Lichtstärkeverteilung gilt. Praktische Unterschiede zwischen simulierter Lichtstärkeverteilung und nach der Fertigung real vorhandener können weitaus größer sein. Außerdem unterscheiden sich die Lichtstärkeverteilungen jedes einzelnen Scheinwerfers einer Produktionsreihe. Unterschiede kommen beispielsweise durch leicht unterschiedliche Reflektorformen beim Pressen, Reflektorlackierung, Linsenfertigung, Linseneinfassung bzw. Unterschiede durch die Lichtquelle selbst sowie ihres Einbaus in den Scheinwerfer zustande. Die hier möglicherweise auftretenden Unterschiede übersteigen die in Tabelle 5.6 angegebenen mittleren Fehlerbeträge

5.5. ABSCHÄTZUNG VON FEHLERN IN DER ANWENDUNG

in der Regel. Das ist zwar nicht Gegenstand dieser Arbeit, sei aber hinsichtlich vieler Diskussion um Genauigkeiten von Lichtsimulationen angemerkt.

Kapitel 6

Interpretation der Ergebnisse

Das Ziel dieser Arbeit ist, die Simulation von Fahrbahn- und Objektleuchtdichten für die kleinen Anstrahlwinkel der Kfz-Scheinwerferbeleuchtung zu verbessern. Wie dies mithilfe der im Kapitel 4 beschriebenen Messungen geschehen soll, wird in Abschnitt 6.1 für Rückwärtsreflexion und in Abschnitt 6.2 für Vorwärtsreflexion erläutert. Im Anschluss werden die Ergebnisse anhand anderer quantitativer Messergebnisse für die hier untersuchten Fahrbahndecken diskutiert.

6.1 Rückwärtsreflexion - Vereinfachung für die Praxis

Aus den Daten geht hervor, dass die Standardabweichung des Leuchtdichtekoeffizienten über die gesamte Fahrbahn knapp über 10 % des Mittelwertes liegt. Das bedeutet, dass man mit einem festen Wert für den Leuchtdichtekoeffizienten die Leuchtdichte im Mittel auf circa 10 % genau berechnen kann. Den Unterschied zwischen einem gemessenen und einem simulierten Leuchtdichtebild soll Abbildung 6.1 verdeutlichen. Es zeigt sich, dass die mittlere Leuchtdichte der Fahrbahn gut übereinstimmt. Sie eignet sich also zur Bestimmung des Adaptationsniveaus oder von Kontrasten zu Sehobjekten, deren Erkennbarkeit bewertet werden soll.

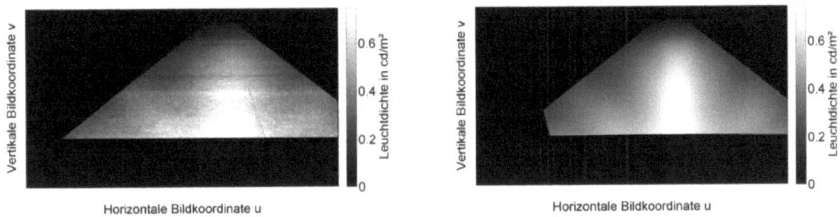

Abbildung 6.1: *Vergleich von gemessener (links) und simulierter (rechts) Leuchtdichte für Rückwärtsreflexion*

Die Abbildung veranschaulicht den Fall, dass der Fahrer direkt hinter dem Scheinwerfer sitzt. Zur Berücksichtigung des lateralen Versatzes zwischen rechtem bzw. linkem Scheinwerfer und Fahrer sei auf die Zusammenhänge der Gleichungen 4.4 und 4.5 hingewiesen. Weiter sei angemerkt, dass diese Gleichungen ausschließlich für den Lichtkanal gelten. Für andere Fahrbahndeckschichten stellen sie nur einen qualitativen Zusammenhang dar und die angegebenen Konstanten müssen für die jeweilige Fahrbahndeckschicht bestimmt werden.
Alle Abweichungen vom Mittelwert des Leuchtdichtekoeffzienten sind nicht über die Geometrie zu erfassen, da sie von Inhomogenitäten bzw. der Mikrostruktur der Fahrbahndeckschicht

herrühren. Um diese zu berücksichtigen, müsste der Leuchtdichtekoeffizient nicht nur winkelabhängig, sondern zusätzlich auch ortsabhängig für jeden einzelnen Fahrbahnabschnitt bestimmt werden. Konkret hieße dies, statt Daten zu erfassen, die einer BRDF entsprechen, wäre eine BTF (Bidirektionale Textur Funktion) notwendig. Dies verdeutlicht den Unterschied zwischen Simulation von lichttechnischen Werten und Visualisierung. Eine BRDF ermöglicht eine korrekte Simulation von Leuchtdichtewerten. Sie ist aber nicht in der Lage, das durch Mikrostrukturen und Inhomogenitäten beeinflusste Erscheinungsbild der Straßendecke wiederzugeben, wie mit Blick auf Abbildung 6.1 deutlich wird. Bei der messtechnischen BTF-Erfassung und der Verarbeitung der anfallenden Datenmengen besteht im aktuellen Forschungsstand noch nicht einmal für herkömmliche grobe Winkelraster Einigkeit bzw. ein Standard. Deshalb wird im Rahmen dieser Arbeit, die sich insbesondere mit kleinen Auflösungen unter flachen Anstrahlwinkeln befasst, davon abgesehen, näher auf den Bereich Visualisierung einzugehen. Außerdem steht der hierfür aktuell erforderliche Aufwand in keiner Relation zum erreichbaren Nutzen und scheint deshalb nicht sinnvoll. Hier besteht noch Forschungsbedarf.

6.2 Vorwärtsreflexion - Modellbildung

In diesem Abschnitt soll das Vorwärtsreflexionsverhalten, respektive der Leuchtdichtekoeffizient q_r, der Straßendeckschicht in Abhängigkeit vom vertikalen Lichteinfallswinkel α_i, vertikalen Reflexionswinkel α_o sowie dem horizontalen Versatzwinkel $\Delta\delta$ beschrieben werden. Hierfür wird zunächst der Verlauf des Leuchtdichtekoeffizienten über die longitudinale Abstandsachse in die Abhängigkeit vom vertikalen Lichteinfalls- und Beobachtungswinkel überführt und eine Beschreibungsgleichung vorgeschlagen. Anschließend wird das Verhalten in Abhängigkeit vom horizontalen Winkelversatz untersucht und die Beschreibungsgleichung um den Einfluss dieser dritten unabhängigen Variable ergänzt. Das vorgeschlagene Modell wird abschließend hinsichtlich der Abweichung zwischen mit seiner Hilfe simulierten und real vorhandenen Leuchtdichten diskutiert.

6.2.1 Ausgangslage

Aufgrund des Versuchsaufbaus können die Winkel als unabhängige Variablen nicht systematisch und äquidistant variiert werden. Wie sie mit den systematisch variierten Größen h_i, h_o, Δx sowie den sich daraus ergebenden Größen S_x und S_y zusammen hängen, zeigen die Gleichungen 6.1 bis 6.3.

$$\alpha_i = \arctan\left(\frac{h_i}{S_x}\right) \tag{6.1}$$

$$\alpha_o = \arctan\left(\frac{h_o}{\Delta x - S_x}\right) \tag{6.2}$$

$$\Delta\delta = \delta_i + \delta_o \quad \text{mit } \delta_i = \arctan\left(\frac{S_y}{S_x}\right) \quad \text{und } \delta_o = \arctan\left(\frac{S_y}{\Delta x - S_x}\right) \tag{6.3}$$

6.2. VORWÄRTSREFLEXION - MODELLBILDUNG

Die angegebenen Grenzen dieser Beschreibungsvariablen ergeben sich aus den in Kapitel 4 beschriebenen Messaufbauten.

- vertikaler Anleuchtwinkel $\alpha_i \in [0,4°;\ 3,7°]$
- Beobachtungswinkel $\alpha_o \in [0,8°;\ 6,8°]$
- horizontaler Versatzwinkel $\Delta\delta \in [-30°;\ 30°]$

6.2.2 Leuchtdichtekoeffizient über longitudinale Abstandsachse

Untersuchte Kombinationen aus α_i und α_o

Zunächst soll der Verlauf des Leuchtdichtekoeffizienten q_r über die longitudinale Abstandsachse S_x untersucht werden. Das bedeutet, für die im Folgenden betrachteten Messwerte gilt $\Delta\delta = 0°$ und $S_y = 0\,\mathrm{m}$. Mithin werden ausschließlich der vertikale Anstrahlwinkel α_i und der vertikale Beobachtungswinkel α_o variiert. Zwischen ihnen leitet sich aus dem Versuchsaufbau der Zusammenhang aus Gleichung 6.4 ab.

$$\alpha_i = \arctan\left(\frac{h_i \cdot \tan(\alpha_o)}{\tan(\alpha_o) \cdot \Delta x - h_o}\right) \tag{6.4}$$

Aus diesem Zusammenhang ergeben sich in einer von α_i und α_o aufgespannten Ebene pro Versuchsdurchgang Kurven, auf denen Messwerte liegen und Bereiche für die keine Messwerte vorhanden sind. Abbildung 6.2 veranschaulicht die im Lichtkanal erfassten Kombinationen von α_i und α_o.

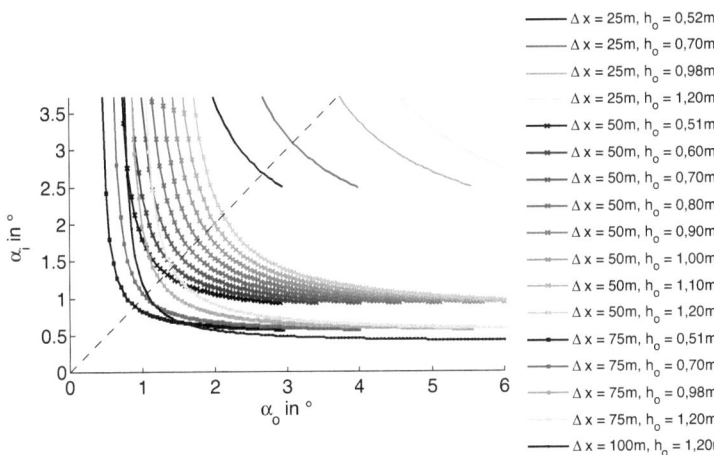

Abbildung 6.2: Untersuchte Winkelkombinationen α_i und α_o für die verschiedenen Versuchsparameter; die gestrichelte Linie markiert die Winkelkombinationen, in denen der Lichteinfallswinkel dem Lichtaustrittswinkel entspricht, $h_i = 0,65\,\mathrm{m}$

Links oben in der Abbildung, also bei großem α_i und kleinem α_o, ist der betrachtete Messpunkt näher am Scheinwerfer. Respektive befindet sich ein eher rechts unten in der Darstellung repräsentierter Messpunkt, also bei kleinem α_i und großem α_o, nahe der Leuchtdichtekamera. Hierbei ist $\alpha_i < 3,7°$, weil eine Auswertung erst in $S_x > 10$ m vom Scheinwerfer aus beginnt. Die obere Grenze der vorliegenden Messwerte für α_o ergibt sich dadurch, dass die Auswertung ab einer Entfernung von 10 m zur Kamera ($S_x < \Delta x - 10$ m) durchgeführt wurde. Die Begrenzung der Auswertung auf 10 m Abstand sowohl von der Lichtquelle als auch vom Messgerät wurde gewählt, um einen Fehler durch die Anwendung des fotometrischen Entfernungsgesetzes vernachlässigbar klein zu halten. Folglich beginnt die jeweilige Kurve links oben immer bei $S_x = 10$ m und strebt zum Ende der Kurve rechts unten gegen den Wert $S_x = \Delta x - 10$ m.

Je höher der Leuchtdichtekoeffizient, desto höher ist die bei gleicher auftreffender Beleuchtungsstärke nach vorn reflektierte Leuchtdichte. Deshalb wird der Bereich des Leuchtdichtekoeffizienten um das Maximum als für die Modellbildung am wichtigsten angesehen. Mit dem in Abschnitt 4.6 verwendeten Mittelwertfilter werden je nach Abstand zwischen Lichtquelle und Kamera Δx verschieden lange Bereiche auf der Straße zusammengefasst. Da diese Mittelwertbildung möglicherweise die Messwerte für $\Delta x = 100$ m gegenüber Messwerten für $\Delta x = 25$ m systematisch unterbewertet, soll dies im Folgenden vermieden werden. Deshalb wurde die Breite des Mittelwertfilters für die nachstehenden Betrachtungen derart festgelegt, dass sie um den Spiegelwinkel herum immer einer Straßenlänge von ±1,25 m entspricht.

Messwerte q_r über die longitudinale Abstandsachse

Die sich ergebenden Messwerte über die untersuchten Winkelkombinationen sind in Abbildung 6.3 und 6.4 dargestellt. Die den Darstellungen zugrunde liegenden Messdaten sind identisch. Die Abbildungen unterscheiden sich ausschließlich in der Form der Visualisierung. Abbildung 6.3 stellt die Messwertverläufe über die Kurven aus Abbildung 6.2 dar.
Die Höhe der jeweiligen Messwerte ist in verschiedenen Graustufen illustriert. Diese Darstellungsform wurde gewählt, um zu verdeutlichen, an welchen Stellen Messpunkte auf den jeweiligen Kurven liegen. Charakteristisch für die Messung ist, dass aufgrund des Messprinzips der Beobachtungswinkel äquidistant mit einer Schrittweite von circa einer Winkelminute, also der Winkelauflösung pro Pixel der verwendeten Leuchtdichtekamera, abgetastet ist. Der jeweilig zugehörige Anstrahlwinkel ergibt sich aus Gleichung 6.4. Dies führt dazu, dass der Gradient des Anstrahlwinkels von großen zu kleinen Beobachtungswinkeln hin immer größer wird. Folglich liegen für kleine Anstrahlwinkel immer sehr viel mehr Messwerte vor als für große. Dies erschwert das Finden einer Beschreibungsfunktion durch Regression. Die schwarze gestrichelte Linie in Abbildung 6.3 markiert die Winkelkombinationen, in denen der Lichteinfallswinkel dem Lichtaustrittswinkel entspricht. Aus der Reziprozitätsforderung (siehe Abschnitt 2.2.3) kann abgeleitet werden, dass die gefundene Modellfunktion spiegelsymmetrisch zu dieser Achse sein muss.
Abbildung 6.4 veranschaulicht den Wert des Leuchtdichtekoeffizienten nicht anhand der zuge-

6.2. VORWÄRTSREFLEXION - MODELLBILDUNG

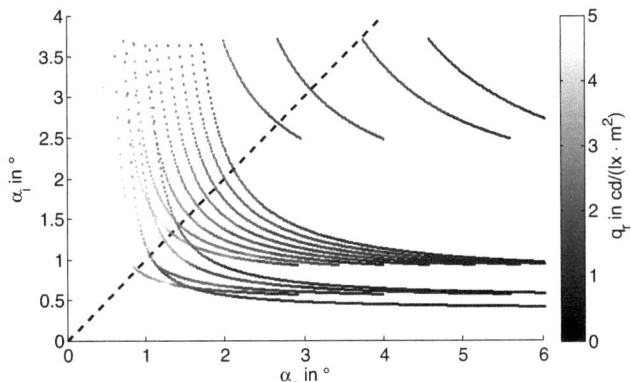

Abbildung 6.3: *Messwerte des Leuchtdichtekoeffizienten über die untersuchten Winkelkombinationen α_i und α_o; die gestrichelte Linie markiert die Winkelkombinationen, in denen der Lichteinfallswinkel dem Lichtaustrittswinkel entspricht*

ordneten Graustufe, sondern anhand der zusätzlichen z-Koordinate im dargestellten Diagramm. Hier wird deutlich, welchen starken Schwankungen der Leuchtdichtekoeffizient durch Inhomogenität, Unebenheit und Rauheit der Straßendeckschicht unterworfen ist. Der Einfluss dieser drei Faktoren wäre nur durch eine Vielzahl zusätzlicher Messungen und die Ausdehnung der Beschreibungsvariablen um mehrere Dimensionen quantifizierbar. Dies würde jedoch den Nachteil mit sich bringen, dass die Gültigkeit sehr eng begrenzt wäre und eine Anwendung so kompliziert, dass wahrscheinlich niemand in der Praxis Interesse daran hätte. Grundsätzlich stellt sich die Frage nach dem Sinn jede Inhomogenität und Unebenheit einer Straßenoberfläche zu simulieren. Spätestens wenn man sich die Vielzahl der hierfür notwendigen Messungen und die zusätzlich zu verwaltenden Datenmengen vor Augen führt, steht der Gesamtaufwand in keinem Verhältnis zum Nutzen. Deshalb soll zugunsten einer breiter und einfacher anwendbaren Modellfunktion auf eine exakte Modellierung der Werte mit allen Unregelmäßigkeiten verzichtet werden. Vielmehr soll die Modellfunktion qualitativ folgende, aus den Daten und theoretischen Überlegungen abgeleitete Forderungen erfüllen:

Lichteinfallswinkel α_i Mit kleiner werdendem Lichteinfallswinkel α_i und konstant gehaltenem Beobachtungs- und Verdrehwinkel steigt der Leuchtdichtekoeffizient q_r.

Beobachtungswinkel α_o Mit kleiner werdendem Beobachtungswinkel α_o und konstant gehaltenem Lichteinfalls- und Verdrehwinkel steigt der Leuchtdichtekoeffizient q_r.

Reziprozität Werden Lichteinfalls- und Beobachtungswinkel vertauscht, ergibt sich der gleiche Wert für den Leuchtdichtekoeffizienten.

Maximum Entlang der longitudinalen Abstandsachse weist der Leuchtdichtekoeffizient ein globales Maximum auf, das sich in der Nähe der Position des Spiegelwinkels befindet.

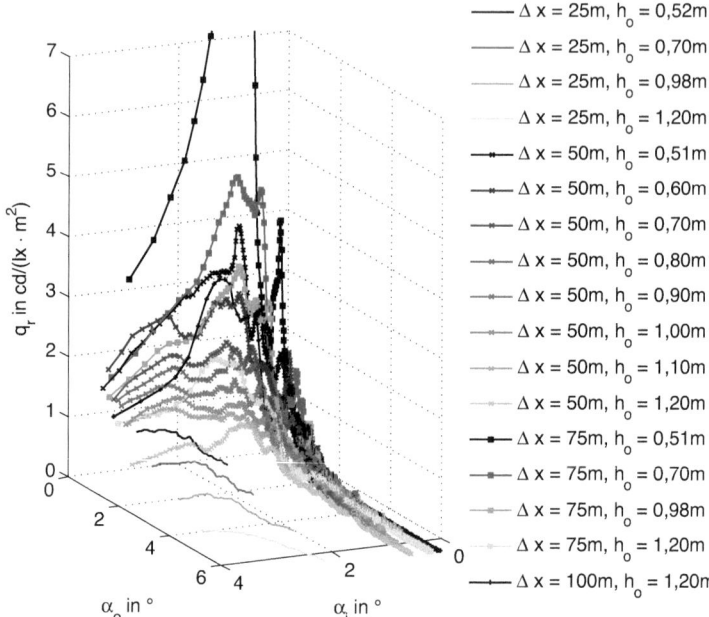

Abbildung 6.4: Messwerte des Leuchtdichtekoeffizienten über die untersuchten Winkelkombinationen α_i und α_o

Monotonie Mit zunehmendem Abstand der longitudinalen Straßenkoordinate S_x von der Position des Maximums wird der Leuchtdichtekoeffizient monoton kleiner.

Es wurde für mehrere Funktionen geprüft, die qualitativ diese Forderungen erfüllen, wie gut sie mit den Messwerten übereinstimmen. Untersucht wurden Ansätze mit Polynom-, Exponential-, Gauß- und Potenzfunktionen. Da die Beschreibung all dieser Berechnungen den Rahmen dieser Arbeit sprengen würde und der Informationsgewinn gering wäre, sollen ausschließlich Vorschläge mit Potenzfunktionen vorgestellt werden, anhand derer die beste Übereinstimmung mit den Messwerten erreicht wurde.

Zunächst werden wegen ihrer Bedeutung ausschließlich die Werte um das Maximum des Leuchtdichtekoeffizienten betrachtet.

Leuchtdichtekoeffizient an der Position des Spiegelwinkels

Sucht man aus jedem Messwertverlauf aus Abbildung 6.2 den Leuchtdichtekoeffizienten an der Stelle des jeweiligen Spiegelwinkels $\alpha_s = \alpha_i = \alpha_o$ und stellt ihn in Abhängigkeit von diesem Winkel dar, ergibt sich Abbildung 6.5.

6.2. VORWÄRTSREFLEXION - MODELLBILDUNG

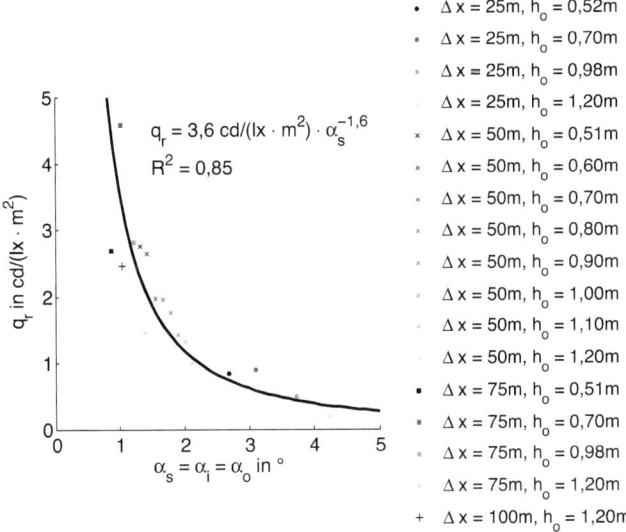

Abbildung 6.5: Leuchtdichtekoeffizient q_r in Abhängigkeit vom Spiegelwinkel $\alpha_\mathrm{s} = \alpha_\mathrm{i} = \alpha_\mathrm{o}$

Die Beschreibung über die Potenzfunktion

$$q_\mathrm{r} = 3{,}6 \frac{\mathrm{cd}}{\mathrm{lx} \cdot \mathrm{m}^2} \cdot \alpha_\mathrm{s}^{-1{,}6} \tag{6.5}$$

ergibt ein Bestimmtheitsmaß von $R^2 = 0{,}85$.

Maximum des Leuchtdichtekoeffizienten

Da die Lage des Maximums aus bereits erläuterten Gründen nicht genau bestimmt werden kann, könnte man auch annehmen, dass es sich theoretisch im Spiegelwinkel befindet und nur durch Unebenheiten und Inhomogenitäten davon abweicht. Ordnet man dem jeweiligen Spiegelwinkel das entsprechende Maximum des Leuchtdichtekoeffizienten zu, ergibt sich der in Abbildung 6.6 dargestellte Zusammenhang.
Erwartungskonform hat die durch Regression gefundene Potenzfunktion einen etwas höheren Vorfaktor und einen etwas steileren Gradienten.

$$q_\mathrm{r} = 5{,}3 \frac{\mathrm{cd}}{\mathrm{lx} \cdot \mathrm{m}^2} \cdot \alpha_\mathrm{s}^{-1{,}8} \tag{6.6}$$

Mit einem Bestimmtheitsmaß von $R^2 = 0{,}91$ weist sie eine noch höhere Übereinstimmung mit den Messwerten auf als die im vorherigen Abschnitt gefundene Funktion.

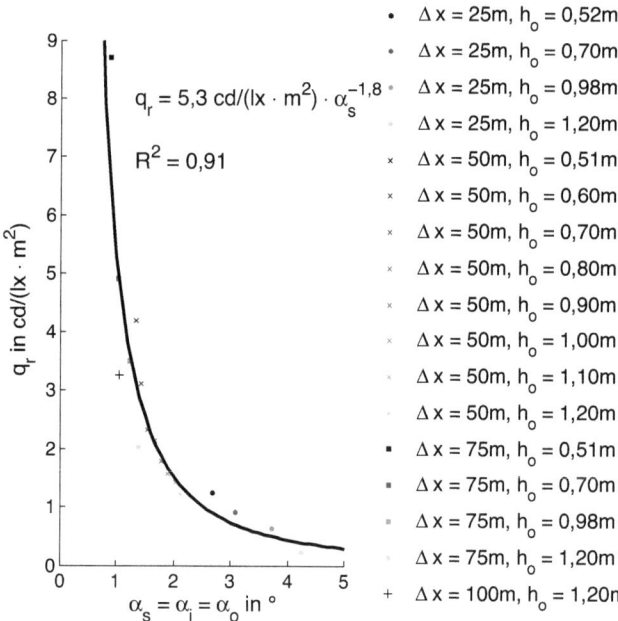

Abbildung 6.6: Maximum des Leuchtdichtekoeffizienten q_r in Abhängigkeit vom Spiegelwinkel $\alpha_s = \alpha_i = \alpha_o$

Bildung einer Funktion $q_r = f(\alpha_o, \alpha_i)$

Die gefundenen Potenzfunktionen zur Beschreibung der Abhängigkeit des Leuchtdichtekoeffizienten vom Winkel werden durch einen Vorfaktor, der im Weiteren $q_{r,1}$ genannt werden soll, und einen Exponenten, im weiteren Verlauf der Arbeit k genannt, charakterisiert.

$$q_r = q_{r,1} \cdot \alpha_s^{-k} \tag{6.7}$$

Hierbei beschreibt $q_{r,1}$ mehr die Höhe des Leuchtdichtekoeffizienten und k die Steilheit der Kurve. Entspräche k gleich Null, würde es sich um ein ideal diffus reflektierendes Material handeln. Je größer k wird, desto spiegelnder verhält sich das betrachtete Material. Beispielsweise müssten sowohl k als auch $q_{r,1}$ theoretisch mit zunehmender Nässe der Fahrbahnoberfläche stark steigen. Um aus der gefundenen Potenzfunktion eine Flächenfunktion, die den Leuchtdichtekoeffizienten in Abhängigkeit von α_i und α_o beschreibt, zu bilden, gibt es im Wesentlichen zwei Möglichkeiten:

$$q_r = \frac{2 \cdot q_{r,1}}{\alpha_i^k + \alpha_o^k} \quad \text{und} \tag{6.8}$$

$$q_r = \frac{2^k \cdot q_{r,1}}{(\alpha_i + \alpha_o)^k} \tag{6.9}$$

6.2. VORWÄRTSREFLEXION - MODELLBILDUNG

Um anschaulich zu überprüfen, welche der Funktionen sich am besten eignet, wurde ein Lichteinfallswinkel α_i festgelegt und für diesen aus jeder Messung der zugehörige Beobachtungswinkel α_o und der jeweilige Leuchtdichtekoeffizient q_r gesucht. Dies geschah für sechs verschiedene Lichteinfallswinkel, die mit einer Genauigkeit von $\pm 0{,}1°$ ausgewählt wurden. Mit derselben Genauigkeit wurden die Beobachtungswinkel zugelassen.

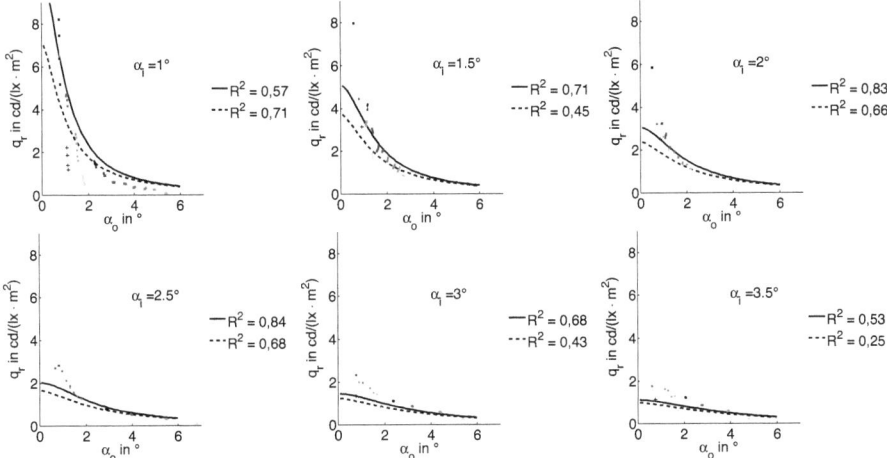

Abbildung 6.7: Messwerte des Leuchtdichtekoeffizienten bei festem Lichteinfallswinkel und variierendem Beobachtungswinkel; die Zuordnung der Markierungen entspricht denen aus Abbildung 6.5; die schwarzen Kurven entsprechen dem Modell aus Gleichung 6.8; die durchgezogene Kurve wurde mit $q_{r,1} = 5{,}3\,\mathrm{cd}/(\mathrm{lx} \cdot \mathrm{m}^2)^{-1}$ und $k = 1{,}8$ und die gestrichelte mit $q_{r,1} = 3{,}6\,\mathrm{cd}/(\mathrm{lx} \cdot \mathrm{m}^2)^{-1}$ und $k = 1{,}6$ berechnet

Die in den Abbildungen 6.7 und 6.8 gezeigten Messpunkte entsprechen also horizontalen Schnitten durch die in Abbildung 6.3 dargestellten Messwerte. Gerade bei dem Anstrahlwinkel von 1° sieht man sehr deutlich, beispielsweise an den lila gekennzeichneten Messpunkten, wie stark der Leuchtdichtekoeffizient in einem Bereich von $\alpha_i = x° \pm 0{,}1°$ und $\alpha_o = y° \pm 0{,}1°$ schwanken kann. Trotzdem scheinen die Bestimmtheitsmaße im Wesentlichen gut mit den Messwerten übereinzustimmen. Die größten Übereinstimmungen werden mit der Funktion nach Gleichung 6.9 und Werten für $q_{r,1}$ und k erreicht, die anhand der Maximalwerte der entsprechenden Verläufe ermittelt sind (durchgezogene schwarze Kurven in Abbildung 6.8).
Abbildung 6.9 veranschaulicht analog zu Abbildung 6.4 die Werte des Leuchtdichtekoeffizienten, die mit dem Modell nach Gleichung 6.8 berechnet sind.
Mit Blick in Abbildung 6.3 wird auch deutlich, warum die umgekehrte Betrachtung, also vertikale Schnitte durch die Werte der Abbildung 6.3, respektive festgehaltener Beobachtungswinkel und variierender Lichteinfallswinkel, anhand der Messwerte schwierig ist. Die Gründe hierfür sind einerseits, dass für kleine Beobachtungswinkel aufgrund der immer gröberen Auflösung nicht in jedem Fall ein Messwert für den korrespondierenden Lichteinfallswinkel im Verlauf

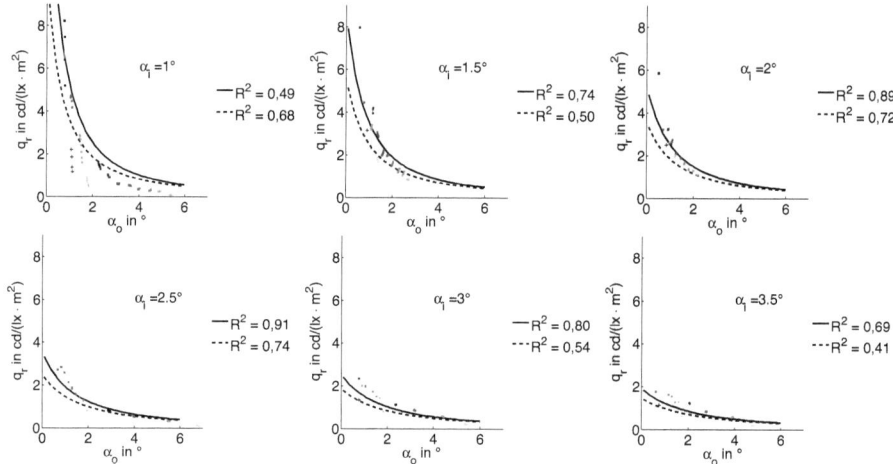

Abbildung 6.8: Messwerte des Leuchtdichtekoeffizienten bei festem Lichteinfallswinkel und variierendem Beobachtungswinkel; die Zuordnung der Markierungen entspricht denen aus Abbildung 6.5; die schwarzen Kurven entsprechen dem Modell aus Gleichung 6.9; die durchgezogene Kurve wurde mit $q_{r,1} = 5,3\,\text{cd}/(\text{lx}\cdot\text{m}^2)^{-1}$ und $k = 1,8$ und die gestrichelte mit $q_{r,1} = 3,6\,\text{cd}/(\text{lx}\cdot\text{m}^2)^{-1}$ und $k = 1,6$ berechnet

vorliegt. Andererseits finden sich mit größer werdenden Beobachtungswinkeln überhaupt stetig weniger Verläufe, in denen relevante Lichteinfallswinkel vorhanden sind.

6.2.3 Einfluss des horizontalen Versatzwinkels

Definition $\Delta\delta$

Die nächste Fragestellung ist, inwieweit sich der Leuchtdichtekoeffizient mit dem horizontalem Winkelversatz $\Delta\delta$ ändert. Wie $\Delta\delta$ für diese Arbeit definiert sein soll, veranschaulicht Abbildung 6.10. Der horizontale Winkelversatz $\Delta\delta$ ist negativ für $S_y < 0$ und positiv für $S_y > 0$.

Verhalten bei trockener Fahrbahnoberfläche

Schon bei Betrachtung der Leuchtdichtekoeffizienten in Abhängigkeit von S_y, beispielsweise in den rechten Teilen der Abbildungen 4.17 und 4.19, fällt auf, dass diese Verläufe einer Normalverteilung nahe kommen. Bei Überführung der jeweiligen S_y-Koordinate in $\Delta\delta$ ändert sich aufgrund der kleinen Winkel nur wenig im qualitativen Verlauf, siehe Abbildung 6.11.
Überprüft man diesen qualitativen Verlauf nicht nur im Spiegelwinkel, sondern für alle erfassten Kombinationen aus Anstrahl- und Beobachtungswinkel, bleibt der gaußähnliche Verlauf der Kurve qualitativ erhalten. Deshalb liegt es nahe, die sonst auch übliche Normalverteilung, siehe

6.2. VORWÄRTSREFLEXION - MODELLBILDUNG

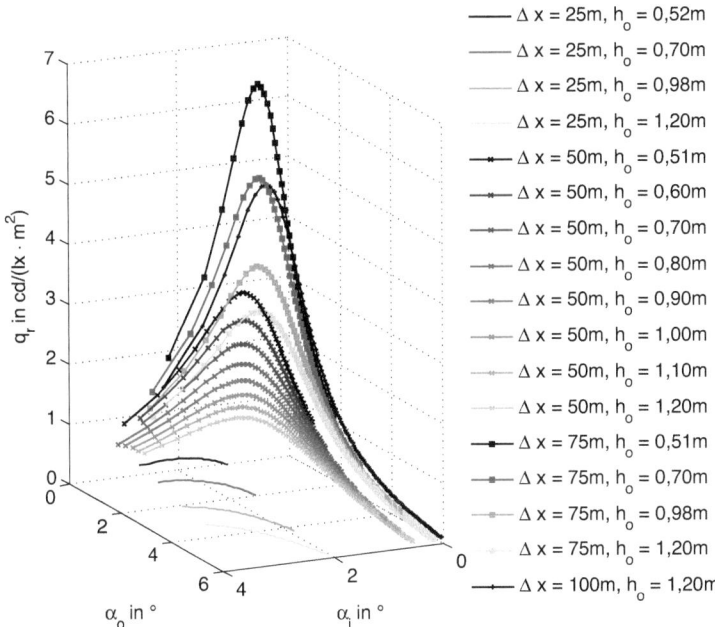

Abbildung 6.9: Der Leuchtdichtekoeffizient als Funktion von Beobachtungswinkel und Anstrahlwinkel nach Gleichung 6.8 und Werten für $q_{r,1} = 5,3\,\mathrm{cd}/(\mathrm{lx}\cdot\mathrm{m}^2)^{-1}$ und $k = 1,8$

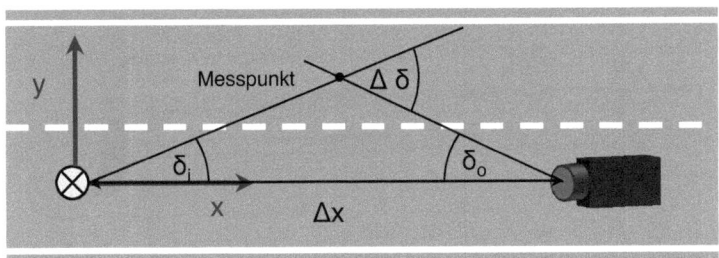

Abbildung 6.10: Definition des horizontalen Winkelversatzes $\Delta\delta$, Aufsicht

Gleichung 2.5, für diesen Teil des Modells beizubehalten. Da sich das Maximum der Kurve bei $\Delta\delta = 0$ ausbildet, wird für den Erwartungswert $\mu = 0$ angesetzt:

$$q_r = q_0 \cdot \exp\left(-\frac{1}{2}\cdot\left(\frac{\Delta\delta}{\sigma}\right)^2\right) \tag{6.10}$$

Als q_0 soll hier das berechnete q_r aus der Funktion des Leuchtdichtekoeffizienten von Beobachtungs- und Anstrahlwinkel, beispielsweise aus Gleichung 6.8, angesetzt werden. Mithin ist die letzte Unbekannte in der Gleichung die Standardabweichung σ. Diese soll über alle Verläufe bestimmt und der jeweiligen Kombination aus α_o und α_i zugeordnet werden. Die korrespondierenden

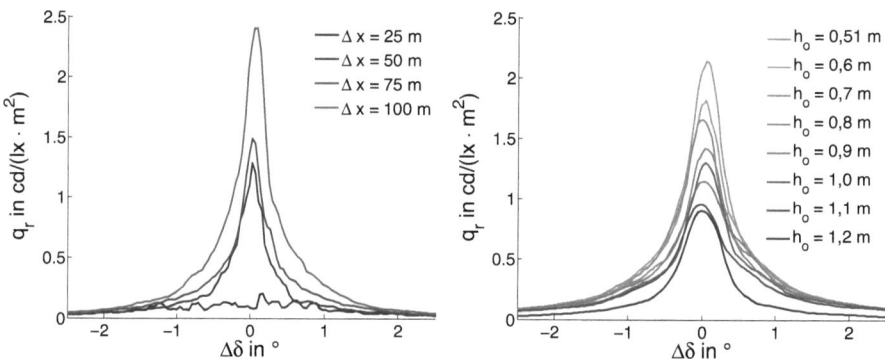

Abbildung 6.11: Leuchtdichtekoeffizient in Abhängigkeit vom horizontalen Winkelversatz $\Delta\delta$; links: analog zu dem rechten Teil von Abbildung 4.17 für verschiedene longitudinale Abstände Δx; rechts: links: analog zu dem rechten Teil von Abbildung 4.19 für verschiedene Beobachterhöhen h_o

Standardabweichungen sind in Abbildung 6.12 dargestellt.

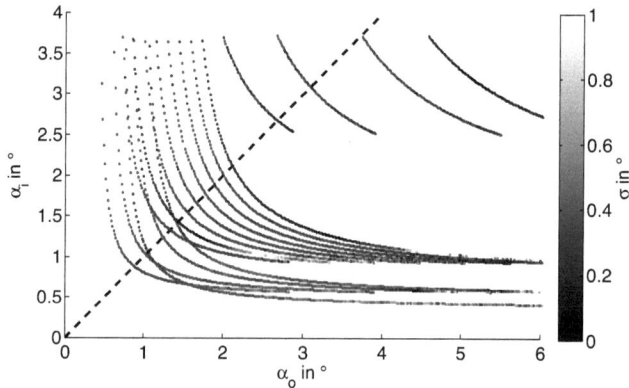

Abbildung 6.12: Standardabweichung σ farblich kodiert, in Abhängigkeit von α_i und α_o

Wäre σ für alle Positionen konstant, würde es für den hier betrachteten begrenzten Bereich ausreichen, σ ausschließlich als Funktion der Straßenoberfläche anzunehmen. Wäre die Standardabweichung systematisch von Anstrahl- und Beobachtungswinkel abhängig, müsste sie als Funktion von α_o und α_i beschrieben werden. Im vorliegenden Fall schwanken die Werte für σ im Wesentlichen zwischen 0,1° und 0,5°. Für die Herleitung einer Funktion schwanken die Werte zu stark und zu unsystematisch. Dies liegt unter anderem auch daran, dass die gesuchten Standardabweichungen sehr klein und somit sehr wenige Pixel vom Maximum entfernt sind, so dass sich hier die Straßenkörnung stark auf die gefundene Standardabweichung auswirken kann. Um diesen Parameter genauer zu bestimmen, wären darauf ausgelegte Untersuchungen notwendig. Diese bedürften insbesondere einer horizontalen Winkelauflösung der Messkamera, die weit über der des menschlichen Auges läge.

Verhalten bei nasser Fahrbahnoberfläche

In jedem Fall lässt sich sagen, dass die Standardabweichung σ sehr klein ist. Mit zunehmender Nässe wird sie noch kleiner erwartet. Für die Versuche auf der Regenstrecke sind die jeweiligen Standardabweichungen über die Entfernung S_x auf der Straßenoberfläche für die verschiedenen Abtrockungszeiten in Abbildung 6.13 aufgezeigt.

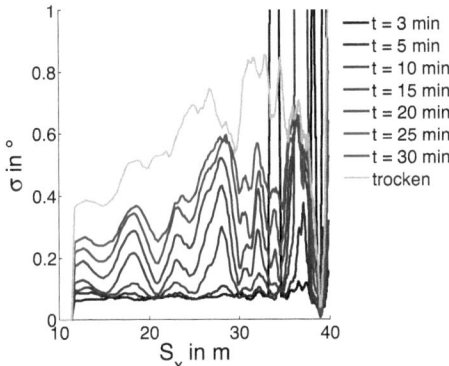

Abbildung 6.13: Standardabweichung σ in Abhängigkeit von S_x für verschiedene Nässezustände, $\Delta x = 50\,\text{m}$

In dieser Darstellungsform wird die Schwankung der schon geglätteten Werte deutlich. Außerdem bestätigen die abgetragenen Werte, dass die Standardabweichung mit zunehmender Nässe der Straße immer kleiner wird.

6.2.4 Vorgeschlagenes Modell

Aus den in den letzten Abschnitten erläuterten Messdaten und Überlegungen soll folgendes Modell für die Vorwärtsreflexion vorgeschlagen werden:

$$q_r(\alpha_i, \alpha_o, \Delta\delta) = \frac{2 \cdot q_{r,1}}{\alpha_i^k + \alpha_o^k} \cdot \exp\left(-\frac{1}{2} \cdot \left(\frac{\Delta\delta}{\sigma}\right)^2\right) \tag{6.11}$$

Die hierfür notwendigen Konstanten, die von der jeweiligen Fahrbahndeckschicht und dem Nässezustand abhängen, sind in Tabelle 6.1 zusammengefasst.
Vergleicht man die gemessenen Leuchtdichtewerte mit denen, die anhand dieses Modells simuliert wurden, fällt auf, dass das Modell hinsichtlich einiger Punkte die Realität noch nicht genau genug widerspiegelt. Diese werden in Abbildung 6.14 anhand der Beispielgeometrie eines

Konstante	„charakterisiert"	Verhalten bei Nässe	LK
$q_{r,1}$ in cd/(lx·m^2)	„Helligkeit" und „Längsspiegelverhalten"	steigt	5,3 (3,6)
k	„Längsspiegelverhalten"	steigt	1,8 (1,6)
σ in °	„Querspiegelverhalten"	sinkt	$\in [0,1;0,5]$

Tabelle 6.1: Parameter für vorgeschlagenes Modell für Vorwärtsreflexion

longitudinalen Abstandes zwischen Beobachter und Scheinwerfer $\Delta x = 50\,\text{m}$ bei einer Beobachterhöhe $h_\text{o} = 1,20\,\text{m}$ verdeutlicht. Zur Simulation wird das Modell nach Gleichung 6.8 mit $q_{r,1} = 3,6$, $k = 1,6$ und $\sigma = 0,3$ verwendet.

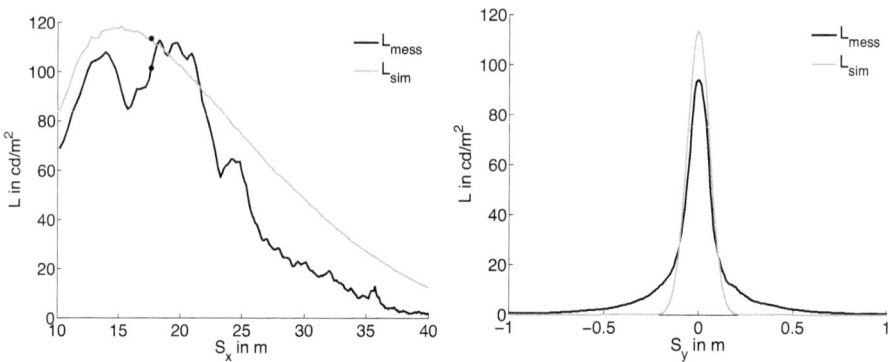

Abbildung 6.14: Vergleich von simulierter und gemessener Leuchtdichte, links: über die longitudinale Straßenkoordinate S_x, rechts: über die laterale Straßenkoordinate S_y

Trägt man die simulierte Leuchtdichte über die S_x-Position bei $S_\text{y} = 0$ ab (Abbildung 6.14, links), fällt auf, dass die simulierte Leuchtdichte in Richtung des Beobachters nicht schnell genug abfällt. Dem könnte mittels einer Anpassung von $q_{r,1}$ und k entgegengewirkt werden. Zum anderen wird über den horizontalen Winkelversatz (Abbildung 6.14 rechts) deutlich, wie stark sich eine Abweichung des maximalen Leuchtdichtekoeffizienten auf den Unterschied zwischen simulierter und gemessener Leuchtdichte auswirkt. Will man jedoch nicht den Aufwand einer BTF-Messung und -Verarbeitung betreiben, muss man hier Schwankungen der Differenz zwischen Messung und Simulation, bedingt durch Mikrostruktur und Inhomogenität der Fahrbahndecke, in Kauf nehmen. Einen größeren Mangel in der Modellierungsfunktion stellt der zu starke Abfall des Leuchtdichtekoeffizienten mit zunehmendem $|S_\text{y}|$ und mithin horizontalem Winkelversatz dar. Dies liegt an den Eigenschaften der angesetzten Normalverteilung. Integral gesehen, sind die Leuchtdichten um das Maximum herum am wichtigsten. Die sehr kleinen Werte weichen absolut gesehen nicht so stark ab. Aber relativ fällt der hier vorhandene Unterschied zwischen Messung und Simulation stark ins Gewicht. Aus diesem Grund ist eine Funktion notwendig, die das „Querspiegelverhalten" einer Fahrbahndecke für große $\Delta\delta$ besser widerspiegelt als die hier angesetzte Normalverteilung. Dies soll aber nicht mehr Gegenstand der vorliegenden Arbeit sein.

6.3 Vergleich mit anderen Messmethoden

Vergleich mit den Messwerten eines Retroreflektometers

Vor dem Hintergrund, dass für Rückwärtsreflexion bei festgelegter Geometrie ein einzelner Leuchtdichtekoeffizient ausreicht, um die Leuchtdichte im Mittel auf $\pm 10\%$ genau zu berechnen, liegt es nahe zu testen, ob ein mobiles Retroreflektometer für Fahrbahnmarkierungen ähnliche Werte für den Leuchtdichtekoeffizienten liefert. Dies wäre für die Praxis eine deutliche Vereinfachung, weil dieser Wert dann für jede Fahrbahndeckschicht innerhalb weniger Sekunden ohne großen Messaufwand bestimmt werden könnte. Für die Tests wurde von der Firma Zehntner GmbH Testing Instruments freundlicherweise ein solches Retroreflektometer für Fahrbahnmarkierungen, das ZRM 6013, zur Verfügung gestellt. Die in diesem Gerät festgelegten vertikalen Winkel orientieren sich an einer Messentfernung von $30\,\mathrm{m}$ ($\alpha_\mathrm{i} = 1,24°$, $\alpha_\mathrm{o} = 2,29°$) und sind in stark verkleinertem Maßstab realisiert. Dies hat den Vorteil, dass das Gerät mit Abmaßen von $(560 \times 290 \times 280)\,\mathrm{mm}^3$ einfach zu transportieren ist. Für die Messung wird das Gerät auf die entsprechende Fahrbahndeckschicht aufgesetzt. Die Größe der Messfläche beträgt hierbei $(52 \times 218)\,\mathrm{mm}^2$. Da die Messfläche sehr klein ist und sich daher Inhomogenitäten stark auf das Ergebnis auswirken können, werden an jeweils zehn Stellen der Fahrbahndeckschicht Messwerte aufgenommen. Um zufällige Streuungen des Messgerätes abschätzen und ihnen durch Mittelwertbildung entgegenwirken zu können, wird die Messung an jeder Stelle zehn Mal durchgeführt. Die so gemessenen Leuchtdichtekoeffizienten sind für die drei untersuchten Fahrbahnoberflächen in Tabelle 6.2 mit den in dieser Arbeit ermittelten gegenübergestellt.

Fahrbahn	q_r aus Kapitel 4	q_r Zehntner-Gerät	Differenz	Relativer Unterschied
Lichtkanal	$14,8\,\mathrm{mcd}/(\mathrm{lx}\cdot\mathrm{m}^2)$	$11,3\,\mathrm{mcd}/(\mathrm{lx}\cdot\mathrm{m}^2)$	$-3,5\,\mathrm{mcd}/(\mathrm{lx}\cdot\mathrm{m}^2)$	-24%
Haxterberg	$17,7\,\mathrm{mcd}/(\mathrm{lx}\cdot\mathrm{m}^2)$	$9,6\,\mathrm{mcd}/(\mathrm{lx}\cdot\mathrm{m}^2)$	$-8,1\,\mathrm{mcd}/(\mathrm{lx}\cdot\mathrm{m}^2)$	-46%
Regenstrecke	$13,4\,\mathrm{mcd}/(\mathrm{lx}\cdot\mathrm{m}^2)$	$19,5\,\mathrm{mcd}/(\mathrm{lx}\cdot\mathrm{m}^2)$	$+6,1\,\mathrm{mcd}/(\mathrm{lx}\cdot\mathrm{m}^2)$	$+46\%$

Tabelle 6.2: Vergleich Retroreflektometer

Es zeigt sich, dass die Messwerte, um bis zu knapp $\pm 50\%$ voneinander abweichen, was nicht akzeptabel ist. Da die Abweichung nicht systematisch ist, kann sie nicht durch einen Korrekturfaktor ausgeglichen werden. Der Unterschied zwischen den gemessenen Werten kann mehrere Gründe haben. Zunächst werden hier zwei völlig verschiedene Verfahren verglichen: Einerseits die in dieser Arbeit vorgestellte Methode, einer Mittelwertbildung aus circa 200 000 Messwerten, die die gesamte Straßenoberfläche abdecken und andererseits ein portables Messsystem mit dem nur zehn Messpunkte erfasst wurden. Das bedeutet, dass sich Inhomogenitäten der Fahrbahn bei zehn Messpunkten stark auf das Messergebnis auswirken können und diese vergleichsweise geringe Anzahl von Messpunkten nicht in jedem Fall die komplette Fahrbahn widerspiegeln kann. Desweiteren ist das Retroreflektometer in einer Art Kasten verbaut, um die Messungen unabhängig von der Umgebungshelligkeit durchführen zu können. In einem solchen Aufbau ist immer mit Streulicht als Fehlerquelle zu rechnen. Aus diesem Grund ist das verwendete Gerät mit einer automatischen Streulichtüberwachung und Streulichtkompensation ausgerüstet. Jedoch ist die Fotozelle für die Messung von größeren Leuchtdichtekoeffizienten, üblicherweise ab circa $75\,\text{mcd}/(\text{lx}\cdot\text{m}^2)$, kalibriert. Der Kalibrierstandard des Gerätes weist einen Leuchtdichtekoeffizienten q_r von $153\,\text{mcd}/(\text{lx}\cdot\text{m}^2)$ auf. Mithin könnte die hier zu messende Rückreflexion mit einer zu hohen Messunsicherheit belegt sein. Alles in allem könnte eine bessere Übereinstimmung der Messwerte durch eine Auslegung der Fotozelle auf kleinere Leuchtdichten und einen geeigneteren Kalibrierstandard für diese Fälle erzielt werden. Ein solches Gerät lässt in der Praxis durch den Maßstab und die kleinen Messflächen höhere Messunsicherheiten erwarten als das in dieser Arbeit angewendete Verfahren. Es wäre aber in vielen Fällen die einzige Möglichkeit den Leuchtdichtekoeffizienten zu erfassen. Da es außerdem für viele Fälle vermutlich trotzdem hinreichend genau wäre, lohnt es sich, ein solches Gerät an kleinere Leuchtdichtekoeffizienten anzupassen.

Vergleich mit den Messwerten einer r-Tabelle

Aus dem Lichtkanal wurde eine Straßenprobe mit einem Durchmesser von $15\,\text{cm}$ entnommen. Von dieser wurde an der TU Dresden mit einem herkömmlichen Gonioreflektometer die für die ortsfeste Straßenbeleuchtung übliche Reflexionsindikatrix unter einem Beobachtungswinkel von $1°$ gemessen. Zusätzlich wurden zu den vorgeschriebenen Werten der r-Tabelle die Leuchtdichtekoeffizienten für vertikale Anleuchtwinkel α_i von $3{,}7°$ in $0{,}1°$-Schritten bis $0{,}1°$ erfasst. Die hierbei üblichen q-Werte werden zunächst in die in dieser Arbeit verwendeten q_r-Werte umgerechnet. Das Ergebnis ist in Abbildung 6.15 veranschaulicht.
Die schwarze Kurve, die die Messdaten darstellt, unterscheidet sich quantitativ stark von den anhand des nach Gleichung 6.8 ($q_{\text{r},1} = 5{,}3\,\text{mcd}/(\text{lx}\cdot\text{m}^2)$ und $k = 1{,}8$) berechneten Leuchtdichtekoeffizienten. Dies kann beispielsweise daran liegen, dass die ausgewählte Bohrkernprobe, die aufgrund der nicht zerstörungsfreien Entnahme am Rand der Straßenoberfläche geschah, nicht repräsentativ für die Oberfläche ist. Deshalb wird die Kurve anhand des Messpunktes $\alpha_\text{i} = \alpha_\text{o} = 1°$ normiert und die Konstante $q_{\text{r},1}$ mit $0{,}6303\,\text{mcd}/(\text{lx}\cdot\text{m}^2)$ festgelegt, wobei der Exponent $k = 1{,}8$ belassen wird. In der Folge ergibt sich die hellgrau dargestellte Kurve, die sowohl qualitativ als auch quantitativ gut mit dem Modell nach Gleichung 6.8 übereinstimmt.
Eine Überprüfung des Modells für das horizontale Reflexionsverhalten der Straßendeckschicht anhand der Konstante σ ist nicht möglich, da das kleinste erfasste $\Delta\delta$ $5°$ beträgt und damit für die hier notwendigen Zwecke viel zu groß ist.

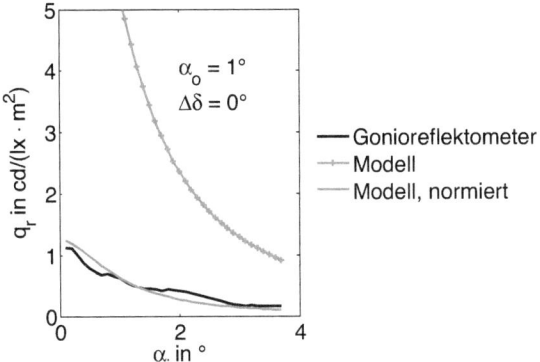

Abbildung 6.15: *Vergleich des in Kapitel 4 bestimmten Leuchtdichtekoeffizienten mit einem im Gonioreflektometer gemessenen Leuchtdichtekoeffizienten*

6.4 Fazit

Wie bereits erwähnt, eignen sich die hier dargelegten Vorschläge zur Leuchtdichtesimulation ausschließlich zur Berechnung von Leuchtdichten auf perfekt ebenen, isotropen und homogenen Straßen. Sie stoßen an ihre Grenzen, wenn es um Visualiserung von Rauheiten, Inhomogenitäen und Unebenheiten geht. Dies führt sowohl zu unterschiedlicher Anmutung zwischen simulierten und realen Leuchtdichteszenerien als auch an einzelnen Stellen auf der Fahrbahndecke zu deutlichen Unterschieden zwischen simulierten und praktisch vorhandenen Leuchtdichten. Trotz allem lassen die gefundenen Vorschläge und Vereinfachungen in anbetracht der derzeitigen Forschungslage eine Verbesserung der aktuellen Praxis für die Leuchtdichtesimulation mit einem vertretbaren Aufwand erwarten.

Hierbei sei angemerkt, dass gerade das Modell für die Vorwärtsreflexion nur Vorschlagscharakter haben soll. Es stellt einen guten Mittelweg zwischen den beiden derzeitigen Vorgehensweisen dar, die Vorwärtsreflexion entweder vollständig zu vernachlässigen oder mit dem Sinus des Beobachtungswinkels zu bewerten, was das nach vorne reflektierte Licht stark überbewerten würde. Wie bereits erwähnt, ist insbesondere für die Modellierung des bei Vorwärtsreflexion in die Breite gehenden Lichtes eine passendere Funktion wünschenswert.

Kapitel 7
Zusammenfassung und Ausblick

7.1 Zusammenfassung

Diese Arbeit behandelt sowohl die Vorwärts- als auch Rückwärtsreflexion für Kfz-typische Anordungen von Scheinwerfer und Beobachter. Dies geschieht für trockene und nasse Fahrbahnzustände mit dem Ziel einer verbesserten Leuchtdichtesimulation.

Das wesentliche Ergebnis bezüglich der Rückwärtsreflexion ist, dass der Leuchtdichtekoeffizient im Mittel über den betrachteten Auswertebereich der Straße[1] etwa ±10 % vom Mittelwert abweicht. Das bedeutet, dass unter Verwendung von nur einem Leuchtdichtekoeffizienten die Simulation von Leuchtdichten in diesem Bereich im Mittel auf ±10 % genau erfolgen kann. Keine der Abweichungen des Leuchtdichtekoeffizienten kann systematisch auf eine Änderung weder der Straßenpositionen noch der Anstrahl- bzw. Beobachtungswinkel zurückgeführt werden. Die Schwankungen sind weitgehend auf die im Vorfeld hohe Auflösung der Mikrostruktur der Fahrbahn zurückzuführen und in größeren Entfernungen auf Unebenheiten und Rauheiten. Jedoch kann eine systematische Abnahme des mittleren Leuchtdichtekoeffizienten über die Fahrbahn bei Zunahme des lateralen Abstandes zwischen Beobachter und Scheinwerfer ermittelt werden. Dies macht es je nach gewünschter Genauigkeit erforderlich, das Licht von einem näher am Fahrer liegenden linken Scheinwerfer mit einem höheren Leuchtdichtekoeffizienten zu bewerten als das des weiter entfernten rechten Scheinwerfers. Ferner wird festgestellt, dass bei gleich bleibender Scheinwerferhöhe mehr Leuchtdichte in Richtung eines tiefer sitzenden Fahrer zurück reflektiert wird als in Richtung eines höher sitzenden. Bei einer Standardhöhe des Scheinwerfers von 0,65 m liegt der resultierende Leuchtdichteunterschied im Lichtkanal zwischen einem Beobachter in 1,10 m Höhe zu einem Beobachter in 1,30 m Höhe bei über 20 %.

Für eine nasse Fahrbahn wird der Rückgang der resultierenden Leuchtdichte um bis zu Faktor 30 nachgewiesen. Übereinstimmend mit der Literatur wird das Verhalten des Leuchtdichtekoeffizienten in Abhängigkeit von der Abtrocknungszeit als linear charakterisiert.

Anhand der gefundenen Ergebnisse können beispielsweise objektive Gütemerkmale, wie die vom Fahrer empfundene Helligkeit, beurteilt werden. Auch die Auslegung auf eine als komfortabel empfundene Leuchtdichte, die je nach Straßentyp zwischen 0,5 und 0,8 cd/m^2 liegt [BMV629] ist möglich.

Für das Reflexionsverhalten einer Straßendeckschicht in Vorwärtsrichtung wird eine Beschreibungsfunktion für eine als isotrop und spektral aselektive angenommene Fahrbahn vorgeschlagen. Sie hängt von den drei Größen vertikaler Anleucht- und Beobachtungswinkel, sowie dem horizontalen Winkelversatz ab. Ebenso wird das Reflexionsverhalten bei Nässe untersucht und

---
[1] $7,5\,\mathrm{m} < S_\mathrm{x} < 107,5\,\mathrm{m}$ und $-1,75\,\mathrm{m} < S_\mathrm{y} < 1,75\,\mathrm{m}$; $h_\mathrm{i} = 0,65\,\mathrm{m}$, $h_\mathrm{o} = 1,2\,\mathrm{m}$, $\Delta x = -2\,\mathrm{m}$

angegeben, wie sich die einzelnen Parameter der Beschreibungsgleichung bei Nässe verhalten würden. Der in der Literatur zu findende Zuwachs des Leuchtdichtekoeffizienten um bis zu drei Größenordnungen [BMV812] kann reproduziert werden. Die gefundene Beschreibungsgleichung für Vorwärtsreflexion kann zur Verbesserung der Leuchtdichtesimulation von Objekten im Straßenverkehr verwendet werden, indem mit ihrer Hilfe das indirekt über die Straße auf das Objekt treffende Licht berücksichtigt wird.

7.2 Mögliche zukünftige Forschungsschwerpunkte

Dieser Arbeit liegen eine Vielzahl von Messungen zugrunde. Trotzdem bleiben einige Fragen ungeklärt. Beispielsweise wird für die Rückwärtsreflexion der Einfluss der Scheinwerferanbauhöhe nicht systematisch untersucht, obwohl sie möglicherweise einen beachtenswerten Einfluss auf die resultierende Leuchtdichte hat. Des Weiteren fehlen Betrachtungen für größere laterale Straßenpositionen $|S_y|$, die insbesondere zur Bewertung von Kurvenlicht wertvoll sind. Auf eine solche Untersuchung wird im Rahmen dieser Arbeit mangels einer verfügbaren streulichtarmen Strecke mit ausreichender Breite verzichtet. Außerdem werden nur gerade Straßen untersucht. Wie sich eine Neigung der Fahrbahn auf die resultierende Leuchtdichte auswirkt, sollte anhand eines geeigneten Versuchsaufbaus untersucht werden. Gleiches gilt für verschiedene Materialien für Straßendeckschichten. In dieser Arbeit wird ein gerade für deutsche Landstraßen repräsentativer Asphalt untersucht. Es fehlt aber eine systematische Betrachtung des Einflusses von Mischgutzusammensetzung oder Liegedauer. Auch die Betrachtung eines Materials wie Beton sollte Bestandteil zukünftiger Forschung sein.

Es wird versucht, den vereinfachten Mittelwert des Leuchtdichtekoeffizienten mit einem herkömmlichen Retroreflektometer für Straßenmarkierungen zu bestimmen, da dies für die erforderliche Geometrie ausgelegt ist. Die Messwerte schwanken aber zu stark und unsystematisch, sodass eine Anpassung hinsichtlich der Kalibrierung auf kleinere Leuchtdichten und geeigneter Streulichtkorrektur für ein solches Gerät wünschenswert bleibt.

Für nasse Fahrbahnoberflächen wird aufgrund des Aufwands auf eine systematische Untersuchung des Einflusses der Umgebungsbedingungen verzichtet. Zusätzliche Erkenntnisse in diesem Bereich verursachen sehr hohen Aufwand und es sollte abgewogen werden, welcher Mehrwert sich davon erwarten ließe. Um den Leuchtdichtekoeffizienten auch in größeren Entfernungen als 35 m ohne Streulichteinfluss charakterisieren zu können, ist hingegen eine streulichtarme Strecke, die künstlich beregnet werden kann, von Vorteil. Dies ist insbesondere interessant, da die hier gefundene Konstanz des Leuchtdichtekoeffizienten über die Entfernung im Widerspruch zur Literatur [BMV812, Hof03] steht, die einen Anstieg des Leuchtdichtekoeffizienten bei nasser Fahrbahn postuliert.

Die für Vorwärtsreflexion vorgeschlagene Beschreibungsgleichung ist nur für den Bereich der hier untersuchten flachen Anstrahl- und Beobachtungswinkel gültig. Die Zusammenführung mit Messergebnissen für die ganze Hemisphäre sollte das langfristige Ziel sein. Außerdem besteht starker Verbesserungsbedarf der Funktion hinsichtlich des horizontalen Versatzwinkels $\Delta\delta > 1°$. Wie bereits mehrfach angemerkt, leistet weder die Vereinfachung für Rückwärtsreflexion noch das Modell für Vorwärtsreflexion eine Berücksichtigung von Inhomogenitäten oder Unebenheiten. Außerdem bildet sie nicht die Möglichkeit der Visualisierung von im Fahrzeugvorfeld theoretisch sichtbaren Oberflächenrauheiten der Straßenoberfläche. Hinsichtlich der hierfür notwendigen BTF-Messungen wird derzeit aktiv geforscht und dank der sich stetig voran entwickelnden ortsaufgelösten Messgeräte sind in diesem Bereich Fortschritte zu erwarten.

Mit Hilfe der Ergebnisse können eine Reihe leuchtdichtebasierter Gütemerkmale auf die von Kfz-Scheinwerfern erzeugte Straßenbeleuchtung angewandt werden. Hierzu zählen Schwellenkontrastmodelle, wie beispielsweise die von Adrian [Adr69, Adr89], Kokoschka [Kok88] oder Hills [Hil75a, Hil75b, Hil76]. Es besteht jedoch Verbesserungsbedarf für die Anpassung an die spezielle Anwendung in der automobilen Lichttechnik. Beispielsweise mangelt es an einer standardisierten Operationalisierung der Adaptationsleuchtdichte von inhomogenen Umfeldern. Erweiterter Forschungsbedarf besteht zusätzlich in der Untersuchung von realen Einflussparametern im Straßenverkehr. Hier sind insbesondere die durch die Fortbewegung des Fahrers als bewegt wahrgenommene Umgebung und auch sich selbst bewegende Objekte zu nennen. Gerade der für den Straßenverkehr relevante Bereich des peripheren Sehens muss hinsichtlich einer solchen Dynamik des Umfeldes und der daraus folgenden Aufmerksamkeitslenkung untersucht werden.

Ein weiterer zukünftiger Forschungsschwerpunkt sollte die Zusammenführung der Ergebnisse für die Kfz-Beleuchtung mit denen für die ortsfeste Straßenbeleuchtung sein. Es existieren Untersuchungen [Boy09, vgl. S. 215 ff], die nachweisen, dass ein Zusammenführen von ortsfester Straßenbeleuchtung mit Kfz-Beleuchtung gegenüber den Einzelszenarien durchaus zu einer Verschlechterung der Sichtbedingungen führen kann. Demnach kann ein Abschalten oder Dimmen der Scheinwerferbeleuchtung bei vorhandener ortsfester Straßenbeleuchtung sowohl unter dem Aspekt Verkehrssicherheit als auch dem der Energieeffizienz sinnvoll sein. Dies bedarf weiterer Studien.

Abschließend sei angemerkt, dass es zur Bewertung der Sichtbedingungen von Autofahrern zwar notwendig aber nicht ausreichend ist, die Reflexionseigenschaften der Fahrbahndeckschicht für kleine Anstrahlwinkel zu kennen. Ebenso wichtig ist es gerade bei Fernlicht, zu bewerten wie viel Licht in die Ferne und auch in die Breite geht. Wie man dieses Licht „im Raum" hinsichtlich Fahrkomfort und Sichtbedingungen operationalisiert, stellt eine weitere Forschungsaufgabe für die Zukunft dar.

7.3 Ausblick

Trotz der im letzten Abschnitt aufgeführten Einschränkungen der Gültigkeit der in dieser Arbeit vorgestellten Ergebnisse leistet sie aus heutiger Sicht eine Grundlage zu einer deutlichen Verbesserung in den nachstehenden Anwendungsbereichen.

Simulation von Fahrbahnleuchtdichten Die Fahrbahnleuchtdichte ist maßgeblich für das Adaptationsniveau des Fahrers. Nur mit ihr lassen sich Bewertungen und damit Optimierungen von Sichtbedingungen hinsichtlich Kontrastempfindlichkeit, Schwellenkontrasten, vorhandenen Kontrasten zu möglichen Hindernissen oder Reaktionszeiten durchführen. Mit den hier vorgeschlagenen Annahmen für die Simulation der Rückwärtsreflexion können Scheinwerfer leuchtdichtebasiert und damit wahrnehmungsangepasst hinsichtlich der Sichtbedingungen, die sie schaffen, optimiert und untereinander hinsichtlich dieser Bedingungen bewertet werden. Insbesondere eine objektive Einschätzung des Kriteriums Helligkeit ist hiermit möglich. Das ist ein Fortschritt, da Helligkeit bisher anhand von sehr subjektiven Urteilen einzelner Personen und damit wenig reproduzierbar bewertet wird.

Simulation von Objektleuchtdichten Um die Leuchtdichte bzw. ihren Kontrast zum Hintergrund von Objekten und damit ihre Sichtbarkeit zu beurteilen, ist es notwendig, auch die von der Straßenoberfläche indirekt zur Objekthelligkeit beitragende Leuchtdichte zu berücksichtigen. Die hier gewonnenen Kenntnisse in diesem Bereich können auch dazu verwendet werden, vorherzusagen, wohin möglichst viel Licht ins Vorfeld einer Fahrzeuglichtverteilung treffen sollte, um Objekte in größeren Entfernungen, beispielsweise hinter der HDG, besser zu erkennen.

Simulation blendungsverursachender Leuchtdichten Der letztgenannte Punkt kann auch genau entgegengesetzt verwendet werden: Wo ist in einer Scheinwerferlichtverteilung möglichst Licht zu vermeiden, um eine Blendung des Gegenverkehrs über die Leuchtdichte auf der Straße auszuschließen? Das indirekt in den Gegenverkehr gelangende Licht hat bei trockenen Fahrbahnoberflächen sehr wenig Einfluss auf Blendung hervorrufende Größen (5% der Blendbeleuchtungsstärke nach [BMV812, S. 38]). Jedoch ist ihr Anteil bei nassen Oberflächen nicht zu vernachlässigen (90% der Blendbeleuchtungsstärke nach [BMV812, S. 38]). Mit neuartigen adaptiven Scheinwerfersystemen und Fahrerassistenzsystemen, die den Ort des Gegenverkehrs registrieren, ist hier eine Reduzierung der Blendung bei Nässe sehr gut möglich.

Optimierung von Schlechtwetterlicht Die Sichtbedingungen, in diesem Fall insbesondere die Kontrastempfindlichkeit des Fahrers, bei Nässe sind durch die deutlich niedrigere Rückwärtsreflexion sehr viel schlechter. Bisher wurde es gerade wegen der starken Vorwärtsreflexion bei Nässe vermieden, diesen Leuchtdichteverlust durch mehr Licht auszugleichen. Kann aber eine Blendung des Gegenverkehrs nach oben beschriebenem Prinzip ausgeschlossen werden, ist es durchaus denkbar die Sichtbedingungen, respektive die Sehleistung, durch einen höheren Gesamtlichtstrom zu verbessern.

Die hier gewonnenen Erkenntnisse leisten folglich einen Beitrag dazu, dass in Scheinwerferbewertungssystemen die Wahrnehmung des Fahrers durch leuchtdichtebasierte Gütemerkmale berücksichtigt werden kann.

Abkürzungsverzeichnis

Abkürzung	Definition
AL	Abblendlicht
BRDF	Bidirektionale Reflektanzverteilungsfunktion, engl.: Bidirektional Reflectance Distribution Function
BTF	Bidirektionale Textur Funktion, engl: bidirectional texture function
CCD	Charge Coupled Device (integriertes elektronisches Halbleiterbauteil)
CCT	Ähnlichste Farbtemperatur, engl. Correlated Color Temperature
CIE	Internationale Beleuchtungskommission, frz.: Commission Internationale de L'Eclairage
D65	Normlichtart D65, tageslichtähnliches Spektrum mit einer Farbtemperatur von 6500 K
FL	Fernlicht
H4	Zweifadenhalogenglühlampe für Fahrzeugscheinwerfer
IESNA	Illuminating Engineering Society North America
GEL	Gasentladungslampe
IR	Infrarot
HB	Flugfeld am Haxterberg in Paderborn
HDG	Hell-Dunkel-Grenze
Kfz	Kraftfahrzeug
L-LAB	Lichtlabor
LED	Leuchtdiode, engl: Light Emitting Diode
LKW	Lastkraftwagen
LMK	Leuchtdichtemesskamera
LSV	Lichtstärkeverteilung
LRPC	Laboratoire Central des Ponts et Chaussées
Kam	Kamera
LQ	Lichtquelle
NIST	National Institute of Standards and Techology
NLA	Normlichtart A
OECD	Organisation für wirtschaftliche Zusamenarbeit und Entwicklung, engl.: Organisation for Economic Co-operation and Development
PTB	Physikalisch-Technische Bundesanstalt
RR	Rückwärtsreflexion
RS	Regenstrecke der Hella KGaA Hueck & Co. in Lippstadt
SW	Scheinwerfer
UV	Ultraviolett
VR	Vorwärtsreflexion

Symbolverzeichnis

Symbol	Definition
A	Fläche
cd	candela, Einheit der Lichtstärke
d	Abstand zwischen Lichtquelle und Empfänger
E	Beleuchtungsstärke in lx
h	Höhe in m
I	Lichtstärke in cd
K	Kelvin, Einheit der Farbtemperatur
L	Leuchtdichte in cd $\cdot$ m^{-2}, Lichtstrom pro Raumwinkel und Fläche
lm	lumen, Einheit des Lichtstroms
lx	lux, Einheit der Beleuchtungsstärke
q	Leuchtdichtekoeffizient in cd $\cdot$ (lx $\cdot$ m^2)$^{-1}$
q_0	mittlerer raumwinkelgetreuer Leuchtdichtekoeffizient
R	Reflexionsfaktor
R_L	Nachtsichtbarkeit von Fahrbahnmarkierungen in cd $\cdot$ (lx $\cdot$ m^2)$^{-1}$
R^2	Bestimmtheitsmaß einer durch Regression gefundenen Funktion
r	reduzierter Leuchtdichtekoeffizient
$S(\lambda)$	Energiespektrum
$S1$	Spiegelfaktor
sr	steradiant, Einheit des Raumwinkels
u, v	Pixelkoordinaten des Kamerabildes
$V(\lambda)$	spektrale Hellempfindlichkeitsfunktion, photopisch
W	Watt, Einheit der Leistung
x, y, z	kartesische Koordinaten
$\overrightarrow{0Kam}$	Ortvektor Kameraposition
$\overrightarrow{0S}$	Ortsvektor Straßenposition
Index i	auftreffendes Licht
Index e	strahlungsphysikalische Größen
Index o	reflektiertes Licht
Index p	projiziert
Index r	radial
Index s	Spiegel...
Index w	vollkommen mattweißes Material
α	Höhenwinkel, Altitudenwinkel, Elevationswinkel, vertikaler Winkel in °
β	Leuchtdichtefaktor
δ	Breitenwinkel, Azimuthwinkel, horizontaler Winkel in °
λ	Wellenlänge in nm
ρ	Reflexionsgrad

Symbol	Definition
ϕ	Lichtstrom
Ω	Raumwinkel in sr
Ω_0	Eiheitsraumwinkel (1 sr)

Abbildungsverzeichnis

2.1 Koordinatensysteme 5
2.2 Spiegelnde Reflexion 6
2.3 Diffuse Reflexion 7
2.4 Lichtstärke bei gemischter Reflexion 8
2.5 Leuchtdichte bei gemischter Reflexion 8
2.6 Retroreflexion 9
2.7 Rückwärtsreflexion und Vorwärtsreflexion 9
2.8 Winkelabhängigkeit des Leuchtdichtekoeffizienten 10
2.9 Winkelabhängigkeit der BRDF eines isotropen Materials 12

3.1 Typische Spektren in der automobilen Lichttechnik 17
3.2 Untersuchte spektrale Reflexionsgrade [dBPR$^+$09, S. 28] 19
3.3 Übliche Winkeldefintion für die ortsfeste Straßenbeleuchtung [Hen02, S. 221] 20
3.4 Öffnungsraumwinkel der Messlichtquelle 24

4.1 Abmessungen durchschnittlicher PKW 36
4.2 Prinzip der Messung der Rückwärtsreflexion 38
4.3 Grundlegender Aufbau eines Kfz-Goniofotometers 38
4.4 Versuchsaufbau 39
4.5 Lichtkanal 42
4.6 Einfluss Δy, $h_\mathrm{i} = 0{,}65$ m 43
4.7 Einfluss Δy, $h_\mathrm{i} = 0{,}9$ m 44
4.8 Einfluss h_o 45
4.9 Rückwärtreflexion Haxterberg 46
4.10 Regenstrecke 48
4.11 Rückwärtsreflexion nass Fernlicht mitte 49
4.12 Rückwärtsreflexion nass 50
4.13 Rückwärtsreflexion Schnee 52
4.14 Prinzip der Messung der Vorwärtsreflexion 53
4.15 Messung Vorwärtsreflexion im Lichtkanal 55
4.16 Maximum q_r VR in Abhängigkeit von der Entfernung 55
4.17 Verlauf q_r VR in Abhängigkeit von der Entfernung 56
4.18 Maximum q_r VR in Abhängigkeit von der Beobachterhöhe 58
4.19 Verlauf q_r VR in Abhängigkeit von der Beobachterhöhe 58
4.20 Verlauf q_r VR Haxterberg 59
4.21 Verlauf q_r VR Regenstrecke 60
4.22 Maximum q_r VR in Abhängigkeit von der Abtrocknungszeit 61
4.23 q_r VR in Abhängigkeit von der Entfernung für verschiedene Abtrocknungszeiten 62
4.24 q_r VR in Abhängigkeit von der S_y-Position für verschiedene Abtrocknungszeiten 62

5.1	Fehler durch Positionierung des Scheinwerfers	68
5.2	Beleuchtungsstärkefehler bei $\Delta\alpha_i$ und $\Delta\delta_i$	69
5.3	Fehler durch Positionierung der LMK	72
5.4	Fehler durch Positionierung der Sehzeichen	73
5.5	Fehler durch Ablesen der Sehzeichenposition	74
6.1	Vergleich von gemessener und simulierter L für RR	79
6.2	Untersuchte Winkelkombinationen α_i und α_o	81
6.3	Messwerte über α_i und α_o	83
6.4	Messwerte über α_i und α_o dreidimensional	84
6.5	Leuchtdichtekoeffizient in Abhängigkeit vom Spiegelwinkel	85
6.6	Maximum des Leuchtdichtekoeffizienten in Abhängigkeit vom Spiegelwinkel	86
6.7	Messwerte des Leuchtdichtekoeffizienten und Modell 1	87
6.8	Messwerte des Leuchtdichtekoeffizienten und Modell 2	88
6.9	Modell $q_r = f(\alpha_i, \alpha_o)$	89
6.10	Definition $\Delta\delta$	89
6.11	q_r in Abhängigkeit von $\Delta\delta$	90
6.12	σ in Abhängigkeit von α_i und α_o	90
6.13	σ in Abhängigkeit von S_x bei Nässe	91
6.14	Vergleich von simulierter und gemessener Leuchtdichte	92
6.15	Vergleichsmessung Gonioreflektometer	95

Tabellenverzeichnis

3.1	Studien zum spektralen Reflexionsgrad von Fahrbahnoberflächen	17
3.2	Klassifizierungssysteme für Fahrbahndeckschichten	21
3.3	Laboruntersuchungen Rückwärtsreflexion von Fahrbahnoberflächen	26
3.4	Felduntersuchungen Rückwärtsreflexion von Fahrbahnoberflächen	28
4.1	Untersuchte Beobachterhöhen	57
5.1	Fehler durch Positionierung des Scheinwerfers	69
5.2	Fehler durch α_i- bzw. δ_i-Einstellung	70
5.3	Fehler durch Positionierung der LMK	71
5.4	Fehler durch Positionierung der Sehzeichen	73
5.5	Fehler durch Ablesen der Sehzeichenposition	74
5.6	Gesamtunsicherheit	75
5.7	Praktische Gesamtunsicherheit	76
6.1	Parameter vorgeschlagenes Modell für Vorwärtsreflexion	92
6.2	Vergleich Retroreflektometer	93
A.1	Vorgeschriebener Messwertebereich einer r-Tabelle	115
A.2	Zuordnung der Messwerte	117
A.3	Einfluss Δy, $h_i = 0{,}65\,\text{m}$	118
A.4	Einfluss Δy, $h_i = 0{,}9\,\text{m}$	119
A.5	Regenstrecke und Haxterberg	120
A.6	Fehlergrenzen für einzelne Merkmale für Beleuchtungsstärkemessgeräte	121
A.7	Fehlergrenzen für einzelne Merkmale für Leuchtdichtemessgeräte	121

Literaturverzeichnis

[Adr69] Adrian, W.: *Die Unterschiedsempfindlichkeit des Auges und die Möglichkeit ihrer Berechnung.* Lichttechnik, 21(1):2A–7A, 1969. [zitiert auf S. 99]

[Adr89] Adrian, W.: *Visibility of targets: Model for calculation.* Lighting Research and Technology, 21(4):181–188, 1989. [zitiert auf S. 99]

[ASTM E 1710] *Standard Test Method for Measurement of Retroreflective Pavement Marking Materials with CEN-Prescribed Geometry Using a Portable Retroreflectometer*, American Society for Testing and Materials, 2005. [zitiert auf S. 25]

[Bae06] Baer, R.: *Beleuchtungstechnik Grundlagen.* HUSS-MEDIEN GmbH, Verlag Technik, 2006. 3. vollständig überarbeitete Auflage. [zitiert auf S. 6, 20]

[BD06] Blattner, P. und Dudli, H.: *Mobiles Fahrbahnoberflächenreflektometer.* In: *LICHT*, Bern, 2006. [zitiert auf S. 23]

[Ber78] Berg, P. von: *Reflexionsverhalten von Fahrbahnbelägen.* TH Aachen, 1978. Dissertation (D82). [zitiert auf S. 22, 50]

[Blu04] Blumtritt, S.: *White Light Lab Test 2.* PHILIPS LiDAC Europe, BG Luminaires, Miribel, France, TU Ilmenau, Mai 2004. Final Technical Report. [zitiert auf S. 17, 18]

[BMV446] OECD, Forschungsbericht verfaßt von einer Gruppe Sachverständiger Wissenschaftler der: *Charakteristische Eigenschaften von Straßendecken: Wechselwirkung und Optimierung, Heft 446*, 1985. [zitiert auf S. 15]

[BMV629] Schmidt-Clausen, H. J.; Damasky, J. und Wambsganß, H.: *Einfluß der Helligkeit von Fahrbahnoberflächen auf die Seh- und Wahrnehmungsbedingungen von Kraftfahrern bei Nacht, Heft 629*, 1991. [zitiert auf S. 27, 28, 97]

[BMV699] Wambsganß, H.: *Bestimmung und messtechnische Erfassung des Reflexionsverhaltens von Fahrbahnoberflächen bei kfz-eigener Beleuchtung, Heft 699*, 1993. [zitiert auf S. 11, 17, 26, 27, 29, 30, 47]

[BMV812] Schmidt-Clausen, H. J. und Schwenkschuster, L.: *Einfluß der Helligkeit und des Reflexionsverhaltens von nassen Fahrbahnoberflächen auf die Seh- und Wahrnehmungsbedingungen von Kraftfahrern bei Nacht, Heft 812*, 2001. [zitiert auf S. 28, 29, 30, 31, 47, 52, 63, 98, 100]

[Boy09] Boyce, P. R.: *Lighting for Driving: Roads, Vehicles, Signs, and Signals.* CRC Press, 2009. [zitiert auf S. 20, 21, 99]

[CE00] Carraro, U. und Eckert, M.: *Untersuchungen zum spektralen Reflexionsgrad von Gesteinen und Asphaltproben.* In: *LICHT*, Seite 149 bis 161, Goslar, 20. bis 22. September 2000. 14. Gemeinschaftstagung der Lichttechnischen Gesellschaften Deutschlands, Österreichs, der Schweiz und der Niederlande. [zitiert auf S. 17, 18]

[CI87]   CIE und IEC: *Internationales Wörterbuch der Lichttechnik*, Band CIE Publikation No. 17.4. 1987. aktuelle Version im Internet unter http://www.electropedia.org/iev/iev.nsf/index?openform&part=845 zu finden. [zitiert auf S. 2, 11]

[CIE79]   CIE: *Road Lighting for Wet Conditions*. CIE-Publikation Nr. 47, 1979. [zitiert auf S. 20]

[CIE82]   CIE: *Calculation and Measurement of Luminance and Illuminance in Road Lighting, Computer Program for Luminance, Illuminance and Glare*. CIE No. 30-2 (TC-4.6), 1982. [zitiert auf S. 20]

[CIE83]   CIE/PIARC: *Road Surfaces and Lighting*. 1983. Joint technical report. [zitiert auf S. 15, 20, 29]

[CIE94]   CIE: *Light as a True Visual Quantity: Principles of Measurement*. Technical Report, 1994. CIE Publication No. 41, Reprint der Auflage von 1978. [zitiert auf S. 2]

[CIE01]   CIE: *Road Surface and road marking reflection characteristics*. Technical Report, 2001. CIE Publication No. 144. [zitiert auf S. 20, 21, 22, 25, 29, 43]

[CIE10]   CIE: *Performance Assessment Method for Vehicle Headlighting Systems*. Technical Report, 2010. CIE Publication No. 188. [zitiert auf S. 33]

[Dam94]   Damasky, J.: *Einsatz der Gasentladungslampen in Scheinwerfern von Kfz*. Bundesanstalt für Straßenwesen, Forschungsbericht FP 1.9303, 1994. [zitiert auf S. 18]

[DBB06]   Dutré, P., Bala, K. und Bekaert, P.: *Advanced Global Illumination*, Band 2. A K Peters, Ltd., 2006. [zitiert auf S. 11, 12]

[dBPR+09]   Boer, J. de, Panhans, B., Reith, A., Otto, A. und Wellner, F.: *Überprüfung verschiedener lichttechnischer Kennziffern bezüglich ihrer Eignung zur Erfassung der Helligkeit von Straßendeckschichten und die Entwicklung einer transportablen Einrichtung für die Messung der Helligkeit vor Ort und im Labor*. Fraunhofer Institut Bauphysik, IBP-Bericht WB145/2009, 2009. Durchgeführt im Auftrag des Deutschen Asphaltverbands (DAV) e.V. und der Arbeitsgemeinschaft industrieller Forschungsvereinigungen Otto von Guericke e.V. (AiF). [zitiert auf S. 18, 19, 23, 105]

[DIN 4895]   *Orthogonale Koordinatensysteme*, Deutsches Institut für Normung, 1977. [zitiert auf S. 5]

[DIN 5032]   *Lichtmessung*, Deutsches Institut für Normung, 1985. [zitiert auf S. 70, 121]

[DIN 5036]   *Strahlungsphysikalische und lichttechnische Eigenschaften von Materialien*, Deutsches Institut für Normung, 1978. [zitiert auf S. 10, 18]

[DIN 5044]   *Ortsfeste Verkehrsbeleuchtung, Beleuchtung von Straßen für den Kraftfahrzeugverkehr*, Deutsches Institut für Normung, 1981. [zitiert auf S. 20]

[DIN EN 13032]   *Licht und Beleuchtung - Messung und Darstellung photometrischer Daten von Lampen und Leuchten*, Deutsches Institut für Normung, 2004. [zitiert auf S. 121]

LITERATURVERZEICHNIS 111

[DIN EN 13201] *Straßenbeleuchtung*, Deutsches Institut für Normung, 2005. [zitiert auf S. 19, 20, 115]

[DIN EN 1436] *Straßenmarkierungsmaterialien*, Deutsches Institut für Normung, 2009. [zitiert auf S. 25]

[DKSS91] Dodillet, H. J., W. Kebschull, A. Stockmar und K. Stolzenberg: *Methoden der Beleuchtungsstärke- und Leuchtdichtemessung für die Straßenbeleuchtung*. LiTG-Pulikation Nr. 14. Deutsche Lichttechnische Gesellschaft e.V., Berlin, November 1991. [zitiert auf S. 33]

[Eck89] Eckert, M.: *Überlegungen zur vereinfachten Ermittlung lichttechnischer Reflexionskennziffern von Straßendeckschichten*. In: *Sammelband 2*, Seiten 146–153, Budapest, 1989. VI Lux Europa. [zitiert auf S. 23]

[Erb74] Erbay, A.: *Atlas der Reflexionseigenschaften von Fahrbahndecken*. Institut für Lichttechnik der TU Berlin, 1974. [zitiert auf S. 21]

[Fis98] Fischbach, I.: *Spezifikation von Systemeigenschaften für CCD-Kameras und deren Bestimmung sowie Anwendung der bildauflösenden Leuchtdichtemeßtechnik in der Außenbeleuchtung*. 1998. Abschlussbeleg, Format: PDF, Zeit: Februar 2011, Adresse: verfügbar unter http://www.technoteam.de/e898/e97/e305/e402/wbs_ab98_ger.pdf. [zitiert auf S. 1, 70]

[Fle84] Fleischer, K.: *Leuchtdichteverteilung auf Straßendecken durch kraftfahrzeugeigene Beleuchtung*. TU Berlin, Fachbereich Umwelttechnik, 1984. Dissertation. [zitiert auf S. 15, 25, 26, 27, 47]

[Gal04] Gall, D.: *Grundlagen der Lichttechnik Kompendium*. Richard Pflaum Verlag GmbH & Co. KG München, 2004. [zitiert auf S. 6]

[Hen02] Hentschel, H. J.: *Licht und Beleuchtung, Grundlagen und Anwendungen der Lichttechnik*, Band 5. Auflage. Hüthig Verlag Heidelberg, 2002. [zitiert auf S. 6, 20, 66, 105]

[Hil75a] Hills, L. B.: *Visibility under night driving conditions: Part 1. Laboratory background and theoretical considerations*. Lighting Research and Technology, 7(3):179–184, 1975. [zitiert auf S. 99]

[Hil75b] Hills, L. B.: *Visibility under night driving conditions: Part 2. Field measurements using disc obstacles and a pedestrian dummy*. Lighting Research and Technology, 7(4):251–258, 1975. [zitiert auf S. 99]

[Hil76] Hills, L. B.: *Visibility under night driving conditions: Part 3. Derivation of (DeltaL, A) characteristics and factors in their application*. Lighting Research and Technology, 8(1):11–26, 1976. [zitiert auf S. 99]

[Hof03] Hoffmann, A. von: *Lichttechnische Anforderungen an adaptive Kraftfahrzeugscheinwerfer für trockene und nasse Fahrbahnoberflächen*, Band Nummer 4. Fachgebiet Lichttechnik, TU Ilmenau, 2003. Dissertation. [zitiert auf S. 11, 15, 26, 27, 28, 30, 31, 32, 47, 52, 60, 63, 98]

[JSK+08] Jebas, C., Schellinger, S., Klinger, K., Manz, K. und Kooß, D.: *Optimierung der Beleuchtung von Personenwagen und Nutzfahrzeugen*, Band Heft F 66. Berichte der Bundesanstalt für Straßenwesen - Fahrzeugtechnik, Universität Karlsruhe (TH) Lichttechnisches Institut, März 2008. [zitiert auf S. 51]

[Keb68] Kebschull, W.: *Die Reflexion trockener und feuchter Straßenbeläge*. TU Berlin, 1968. Dissertation. [zitiert auf S. 22]

[KK08] Köhler, S. und Kley, F.: *Evaluierung vorhandener mesopischer Modelle anhand einer Untersuchung zur subjektiven Hellempfindung von Kfz-Scheinwerfern*. In: *LICHT*, Seite 562 bis 567, Ilmenau, 10. bis 13. September 2008. 18. Gemeinschaftstagung der Lichttechnischen Gesellschaften Deutschlands, Österreichs, der Schweiz und der Niederlande. [zitiert auf S. 2]

[Kle08] Klein, D.: *Messtechnische Erfassung der Lichtverteilung eines LED-Forschungsscheinwerfers und Bestimmung der Eigenschaften der von ihm auf der Fahrbahnoberfläche erzeugten Reflexionen*. FH Jena, 2008. Diplomarbeit. [zitiert auf S. 33]

[KM07] Kiel, H. und Mensch, D.: *Softwarebasierte Ausrichtung und Bewertung von Lichtstärkeverteilungen*. In: *Lux junior*. TU Ilmenau, LiTG, September 2007. [zitiert auf S. 65]

[Kna01] Knauf, J.: *Bestimmung von Parametern zur Visualisierung von Leuchtdichteverläufen der Fahrbahnausleuchtung durch Kfz-Scheinwerfer*. TU Ilmenau, 2001. Diplomarbeit. [zitiert auf S. 27]

[Kok88] Kokoschka, S.: *Zur Berechnung von Schwellenkontrasten für die Detektion einfacher Sehobjekte*. Nr. 4. Licht, 1988. [zitiert auf S. 99]

[Koo93] Kooß, D.: *Simulation der Streuleuchtdichte von Autoscheinwerfern im Nebel aus der Sicht des Autofahrers*, Band 197 der Reihe *Reihe 12: Verkehrstechnik/Fahrzeugtechnik*. VDI Fortschrittsberichte, Karlsruhe, 1993. [zitiert auf S. 66]

[KR86] Kluge, G. und Range, H. D.: *Aufgehellte bituminöse Deckschichten zur Erhöhung der Verkehrssicherheit und Energieeinsparung*. Bitumen, 48(1):15 – 22, 1986. [zitiert auf S. 23]

[Mag08] Maghe, L.: *Memphis - Modélisation ET Measure Photométrique In Situ*. In: *International Symposium on Road Surface Photometric Characteristics: Measurement Systems and Results*, Turin, Juli 2008. CIE. [zitiert auf S. 23]

[MKKS07] Manz, K., Kooß, D., Klinger, K. und Schellinger, S.: *Entwicklung von Kriterien zur Bewertung der Fahrzeugbeleuchtung im Hinblick auf ein NCAP für aktive Fahrzeugsicherheit*, Band Heft F 65. Berichte der Bundesanstalt für Straßenwesen - Fahrzeugtechnik, Universität Karlsruhe (TH) Lichttechnisches Institut, Dezember 2007. [zitiert auf S. 33, 44]

LITERATURVERZEICHNIS

[MPG08]   Muzet, V., Paumier, J. L. und Guillard, Y.: *Coluroute, A Mobile Gonio-Reflectometer to Characterise the Road Surface Photometry.* In: *International Symposium on Road Surface Photometric Characteristics: Measurement Systems and Results*, Turin, Juli 2008. CIE. [zitiert auf S. 23]

[RECB00]   Roßberg, K., Eckert, M., Carraro, U. und Bader, E.: *Einfluss des spektralen Absorptions- und Reflexionsgrades von Mineralstoffen auf die Wärmebilanz von Fahrbahnbefestigungen*, Band Heft 10. Schriftenreihe der Professur für Straßenbau (TU Dresden, Fakultät für Bauingenieurwesen, Institut für Stadtbauwesen und Straßenbau), 2000. [zitiert auf S. 17, 18]

[Ree54]   Reeb, O.: *Zur Frage der Kontrastverhältnisse bei der Straßenbeleuchtung*, Band 6 der Reihe *8*. Lichttechnik, 1954. S. 283 - S. 287. [zitiert auf S. 1]

[Ros99]   Rosenhahn, E. O.: *Entwicklung von lichttechnischen Anforderungen an Kraftfahrzeugscheinwerfer für Schlechtwetterbedingungen.* TU Darmstadt, 1999. Dissertation. [zitiert auf S. 26, 27, 30, 31, 60]

[Sch06]   Schreuder, D.: *InSitu Messung der Reflexionseigenschaften von Fahrbahnbelägen.* In: *LICHT*, Bern, 10. bis 13. September 2006. 17. Gemeinschaftstagung der Lichttechnischen Gesellschaften Deutschlands, Österreichs, der Schweiz und der Niederlande. [zitiert auf S. 23]

[Sch08]   Schuster, G.: *Modellierung und Analyse der Wechselwirkungen zwischen Strahlungsbilanz, Landnutzung, Relief und Schneebedeckung.* Albert-Ludwigs-Universität Freiburg, 2008. Dissertation. [zitiert auf S. 51, 52]

[Sch12]   Schäfer, S.: *Rezeptororientierte Charakterisierung breitbandiger Spektren als Basis einer mesopischen Hellempfindung.* TU Berlin, 2012. erwartete Dissertation. [zitiert auf S. 2]

[SF09]   Sullivan, J. M. und Flannagan, M. J.: *Photometric Indicators for Headlamp Performance.* UMTRI - University of Michigan, Transportation Research Institute, 2009. Report No. UMTRI-2009-18. [zitiert auf S. 33]

[Soe76]   Soerensen, K. A.: *A portable instrument for measurement of road reflection properties.* Lysteknisk Laboratorium, Lyngby (Dänemark), 1976. [zitiert auf S. 23]

[Wam96]   Wambsganß, H.: *Lichttechnische Anforderungen an Fahrbahnmarkierungen bei Dunkelheit.* TU Darmstadt, Fachbereich Elektrische Energietechnik, 1996. Dissertation. [zitiert auf S. 29, 30, 50, 60]

[Web11]   Web1: `http://fs-ralflukas.de/small/car_comic.gif`, Februar 2011. [zitiert auf S. 36]

[Zie81]   Ziegler, W.: *Reflexion trockener und feuchter Straßenbeläge: Faktorisierung - Klassifizierung - Anlagenprojektierung.* Hochschulverlag, Freiburg (Breisgau), 1981. Dissertation. [zitiert auf S. 22]

Anhang A

A.1 Kapitel 3

tan(γ_i)	β 0°	2°	5°	10°	15°	20°	25°	30°	35°	40°	45°	60°	75°	90°	105°	120°	135°	150°	165°	180°
0	x	x	x	x	x	x	x	x	x	x	x	x	x	x	x	x	x	x	x	x
0,25	x	x	x	x	x	x	x	x	x	x	x	x	x	x	x	x	x	x	x	x
0,5	x	x	x	x	x	x	x	x	x	x	x	x	x	x	x	x	x	x	x	x
0,75	x	x	x	x	x	x	x	x	x	x	x	x	x	x	x	x	x	x	x	x
1	x	x	x	x	x	x	x	x	x	x	x	x	x	x	x	x	x	x	x	x
1,25	x	x	x	x	x	x	x	x	x	x	x	x	x	x	x	x	x	x	x	x
1,5	x	x	x	x	x	x	x	x	x	x	x	x	x	x	x	x	x	x	x	x
1,75	x	x	x	x	x	x	x	x	x	x	x	x	x	x	x	x	x	x	x	x
2	x	x	x	x	x	x	x	x	x	x	x	x	x	x	x	x	x	x	x	x
2,5	x	x	x	x	x	x	x	x	x	x	x	x	x	x	x	x	x	x	x	x
3	x	x	x	x	x	x	x	x	x	x	x	x	x	x	x	x	x	x	x	x
3,5	x	x	x	x	x	x	x	x	x	x	x	x	x	x	x	x	x	x	x	x
4	x	x	x	x	x	x	x	x	x	x	x	x	x	x	x	x	x	x	x	x
4,5	x	x	x	x	x	x	x	x	x	x	x	x	x	x	x	x	x	x	x	x
5	x	x	x	x	x	x	x	x	x	x	x	x	x	x	x	x	x	x	x	x
5,5	x	x	x	x	x	x	x	x	x											
6	x	x	x	x	x	x	x	x												
6,5	x	x	x	x	x	x	x													
7	x	x	x	x	x	x	x	x												
7,5	x	x	x	x	x	x	x													
8	x	x	x	x	x	x	x													
8,5	x	x	x	x	x	x	x													
9	x	x	x	x	x	x														
9,5	x	x	x	x	x	x														
10	x	x	x	x	x	x														
10,5	x	x	x	x	x	x														
11	x	x	x	x	x	x														
11,5	x	x	x	x	x															
12	x	x	x	x	x															

Tabelle A.1: Vorgeschriebener Messwertebereich einer r-Tabelle nach Teil 3 der [DIN EN 13201]; ein „x" in der Tabelle heißt, dass für diese Winkelkombination ein Messwert vorliegen muss

A.2 Kapitel 4

Eingangsgrößen	Hilfsgrößen	Ausgangsgrößen	
$L(u,v)$	$\overrightarrow{0S_1}$, $\overrightarrow{0S_2}$, $\overrightarrow{0Kam}$	$\|\overrightarrow{0S_x}\|(u,v)$	
		$\|\overrightarrow{0S_y}\|(u,v)$	
		$\alpha_o(u,v)$	
		$\delta_o(u,v)$	
$\overrightarrow{0S}(u,v)$	$\overrightarrow{0SW}$	$\alpha_i(u,v)$	
		$\delta_i(u,v)$	
		$d(u,v)$	
$I(\alpha_i, \delta_i)$	$\alpha_i(u,v), \delta_i(u,v)$	$I(u,v)$	
$I(u,v), d(u,v)$		$E_r(u,v)$	
$E_r(u,v), L(u,v)$		$q_r(u,v)$	

Tabelle A.2: Berechnungsschritte für die Zuordnung der Messwerte

Δy in m	$q_r(u,v)$	Histogramm	$\overline{q_r} \pm \sigma$ in cd/(lx·m²)
-1,2			$0,0123 \pm 0,0014$
-0,9			$0,0131 \pm 0,0015$
-0,6			$0,0129 \pm 0,0020$
-0,3			$0,0148 \pm 0,0019$
-0			$0,0148 \pm 0,0021$
0,3			$0,0140 \pm 0,0022$
0,6			$0,0138 \pm 0,0019$
0,9			$0,0131 \pm 0,0019$
1,2			$0,0126 \pm 0,0014$

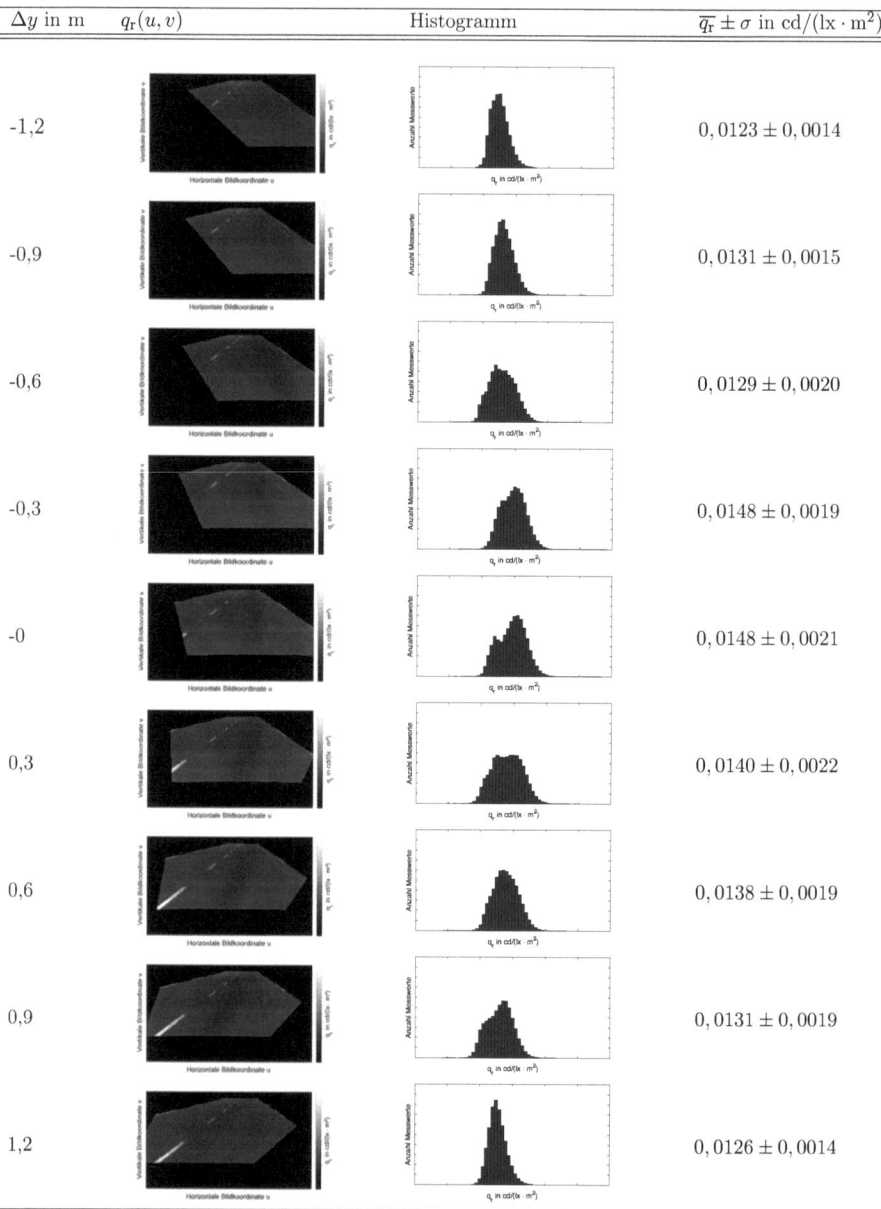

Tabelle A.3: Leuchtdichtekoeffizient der Standardscheinwerferhöhe von $h_i = 0,65$ m in Abhängigkeit des lateralen Versatzes von Scheinwerfer und Beobachter Δy; die Histogramme, Mittelwerte und Standardabweichungen beziehen sich auf einen Auswertebereich von $7,5$ m $< S_x < 107,5$ m und $-1,75$ m $< S_y < 1,75$ m; $h_i = 0,65$ m, $h_o = 1,2$ m, $\Delta x = -2$ m

Δy in m	$q_\mathrm{r}(u,v)$	Histogramm	$\overline{q_\mathrm{r}} \pm \sigma$ in cd/(lx·m^2)
-1,2			$0,0135 \pm 0,0012$
-0,9			$0,0141 \pm 0,0012$
-0,6			$0,0142 \pm 0,0016$
-0,3			$0,0148 \pm 0,0015$
-0			$0,0154 \pm 0,0016$
0,3			$0,0148 \pm 0,0015$
0,6			$0,0148 \pm 0,0013$
0,9			$0,0141 \pm 0,0011$
1,2			$0,0133 \pm 0,0011$

Tabelle A.4: *Leuchtdichtekoeffizient bei einer Scheinwerferhöhe von $h_\mathrm{i} = 0,9\,\mathrm{m}$ in Abhängigkeit des lateralen Versatzes von Scheinwerfer und Beobachter Δy; die Histogramme, Mittelwerte und Standardabweichungen beziehen sich auf einen Auswertebereich von $7,5\,\mathrm{m} < S_\mathrm{x} < 107,5\,\mathrm{m}$ und $-1,75\,\mathrm{m} < S_\mathrm{y} < 1,75\,\mathrm{m}$; $h_\mathrm{i} = 0,9\,\mathrm{m}$, $h_\mathrm{o} = 1,66\,\mathrm{m}$, $\Delta x = -2,76\,\mathrm{m}$*

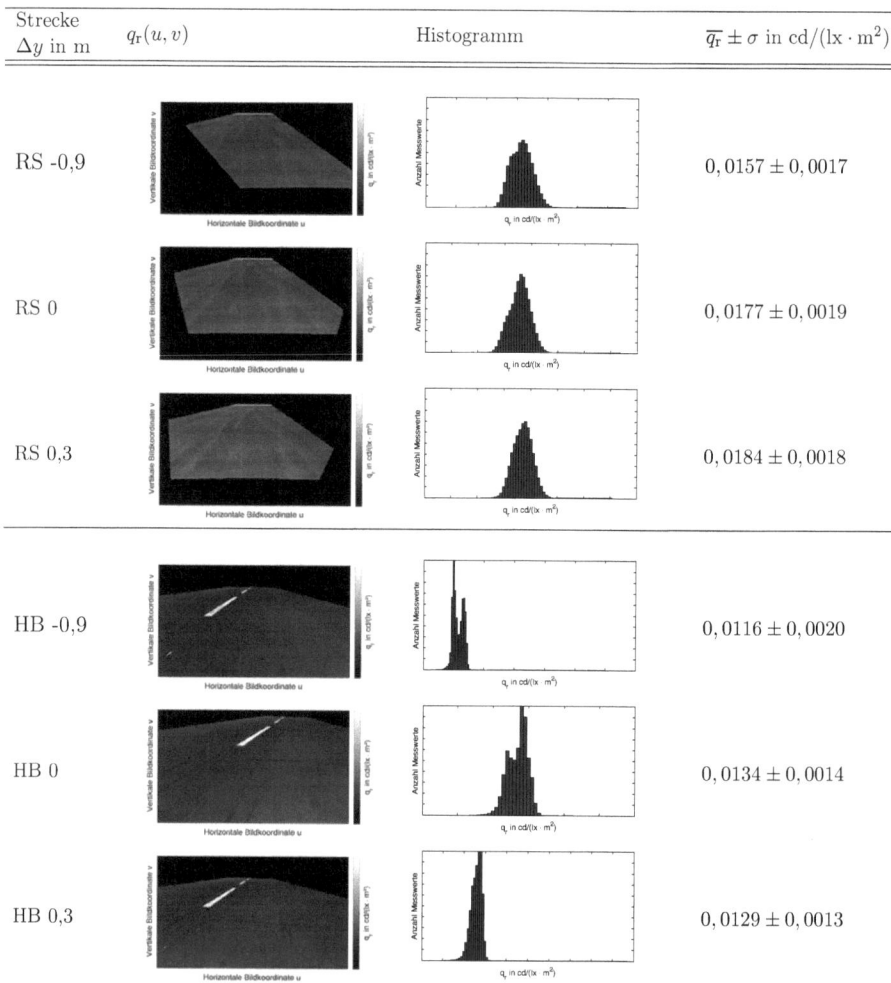

Tabelle A.5: *Leuchtdichtekoeffizient für die linke und rechte Scheinwerferposition $\Delta y = 0,3$ bzw. $\Delta y = -0,9$ m, sowie für $\Delta y = 0$ m; die Histogramme, Mittelwerte und Standardabweichungen beziehen sich auf einen Auswertebereich von $7,5\,\mathrm{m} < S_\mathrm{x}(RS) < 90\,\mathrm{m}$, $7,5\,\mathrm{m} < S_\mathrm{x}(HB) < 107,5\,\mathrm{m}$ und $-1,75\,\mathrm{m} < S_{<}1,75\,\mathrm{m}$; $h_\mathrm{i} = 0,65\,\mathrm{m}$, $h_\mathrm{o} = 1,2\,\mathrm{m}$, $\Delta x = -2\,\mathrm{m}$*

A.3 Kapitel 5

Merkmal	Bezeichnung nach [DIN 5032] Teil 7	Fehlergrenzen für Meßgeräte der Klasse L
$V(\lambda)$-Anpassung	f_1	1,5 %
UV-Empfindlichkeit	u	0,2 %
IR-Empfindlichkeit	r	0,2 %
cos-getreue Bewertung	$f_2(g)$	1,5 %
Linearitätsfehler	f_3	0,2 %
Fehler des Anzeigegerätes	f_4	0,2 %
Ermüdung	f_5	0,1 %
Temperaturkoeffizient	α_0, α_{25}	0,1 %/K
moduliertes Licht	f_7	0,1 %
Polarisationsfehler	f_8	0,2 %
Abgleichfehler	f_{11}	0,1 %
Gesamtfehler	f_{ges}	3 %
untere Grenzfrequenz	f_u	40 Hz
obere Grenzfrequenz	f_o	10^5 Hz

Tabelle A.6: Fehlergrenzen für einzelne Merkmale und Gesamtfehlergrenzen für Beleuchtungsstärkemeßgeräte der Klassen L [DIN 5032], europäische Norm bisher ohne Klasseneinteilung [DIN EN 13032]

Merkmal	Bezeichnung [DIN 5032] Teil 7	Fehlergrenzen Klasse L	Fehlergrenzen Klasse A	Fehlergrenzen Klasse B
$V(\lambda)$-Anpassung	f_1	2 %	3 %	6 %
UV-Empfindlichkeit	u	0,2 %	1 %	2 %
IR-Empfindlichkeit	r	0,2 %	1 %	2 %
räumliche Bewertung	$f_2(g)$	2 %	3 %	6 %
Einfluß der Umfeldleuchtdichte	$f_2(u)$	1 %	1,5 %	2 %
Linearitätsfehler	f_3	0,2 %	1 %	2 %
Fehler des Anzeigegerätes	f_4	0,2 %	3 %	4,5 %
Ermüdung	f_5	0,1 %	0,5 %	1 %
Temperaturkoeffizient	α_0, α_{25}	0,1 %/K	0,2 %/K	1 %/K
moduliertes Licht	f_7	0,1 %	0,2 %	0,5 %
Polarisationsfehler	f_8	0,2 %	1 %	2 %
Abgleichfehler	f_{11}	0,1 %	0,5 %	1 %
Fokussierfehler	f_{12}	0,4 %	1 %	1 %
Gesamtfehler	f_{ges}	5 %	7,5 %	10 %

Tabelle A.7: Fehlergrenzen für einzelne Merkmale und Gesamtfehlergrenzen für Leuchtdichtemeßgeräte der Klassen L, A und B nach [DIN 5032], europäische Norm bisher ohne Klasseneinteilung [DIN EN 13032]

Verwandte Publikationen

Vorwärtsreflexion von Straßendeckschichten
Köhler, Susanne; Kaup, Marc; Stroop, Philip
LICHT, Wien 2010

Reflection properties of road surfaces for assessing visibility conditions
Köhler, Susanne
V.I.S.I.O.N. Paris 2010

Messung winkelaufgelöster Leuchtdichtekoeffizienten von Straßenoberflächen für kleine Anstrahlwinkel
Köhler, Susanne; Tophinke, Matthias
Lux junior, Dörnfeld 2009

Luminance coefficients of road surfaces for evaluating detection distances
Köhler, Susanne; Tophinke Matthias; Günther, Alexander; Völker, Stephan; Kley, Franziska
ISAL 8th International Symposium on Automotive Lighting (238 - 242). München: Herbert Utz Verlag. 2009

Luminance coefficients of road surfaces for small angles of light incidence and their application for luminance based headlamp evaluation
Köhler, Susanne; Völker, Stephan
LUX Europa, Istanbul 2009

Evaluierung vorhandener mesopischer Modelle anhand einer Untersuchung zur subjektiven Hellempfindung von Kfz-Scheinwerfern
Köhler, Susanne; Kley, Franziska
LICHT, Ilmenau 2008

i want morebooks!

Buy your books fast and straightforward online - at one of world's fastest growing online book stores! Environmentally sound due to Print-on-Demand technologies.

Buy your books online at
www.get-morebooks.com

Kaufen Sie Ihre Bücher schnell und unkompliziert online – auf einer der am schnellsten wachsenden Buchhandelsplattformen weltweit! Dank Print-On-Demand umwelt- und ressourcenschonend produziert.

Bücher schneller online kaufen
www.morebooks.de

VDM Verlagsservicegesellschaft mbH
Heinrich-Böcking-Str. 6-8   Telefon: +49 681 3720 174   info@vdm-vsg.de
D - 66121 Saarbrücken   Telefax: +49 681 3720 1749   www.vdm-vsg.de

Printed by Books on Demand GmbH, Norderstedt / Germany